我的泡麵時光

作者／尹伊娜
翻譯／黃菀婷

調理方法
contents

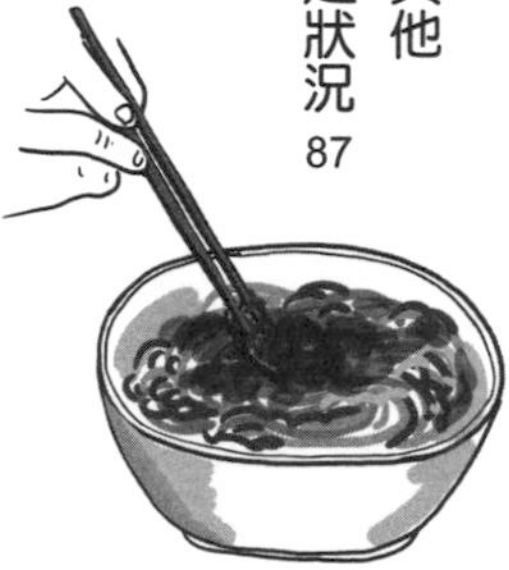

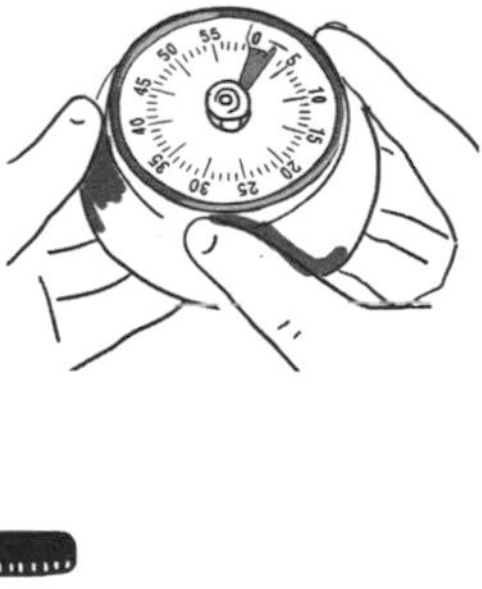

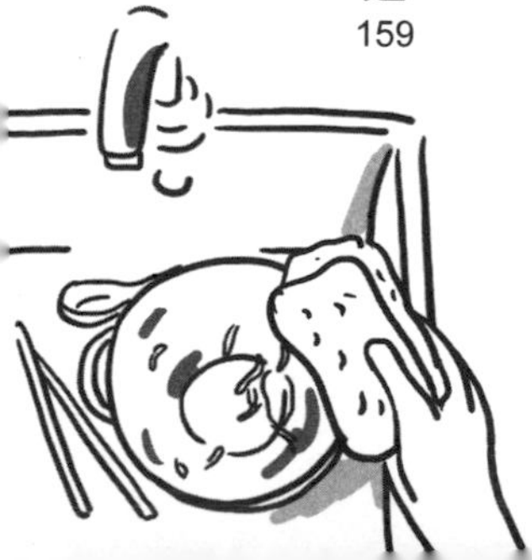

前言
泡麵完整了我們的人生

「伊娜，你這樣子和安城湯麵爺爺有什麼兩樣？」

這本書始於當我被問起這個問題的那一刻起。

我初次聽到安城湯麵爺爺這名字是在二〇一九年五月。當時我看到一篇《一天三餐，安城湯麵》的報導，描述一位住在江原道華川郡，名叫朴柄九的老人家的生活。柄九爺爺在一九九四年罹患了腸阻塞（Intestinal obstruction），從那之後，他每天三餐都吃泡麵。但事實上，那位爺爺真實的生活與報導內容是有出入的，他並不是每天三餐都只吃安城湯麵。在二〇一九年年末的深入報導中提到「我只是把泡麵當主餐而已，隨著身體狀況的變化，也會吃點別的」。

我藉由閱讀那則報導，了解到農心牛肉泡麵，從快樂泡麵，再變到安城湯麵的演進史。我一開始以為是農心公司誤把牛肉（Sogogi）寫成了「Soegogi」[1]，但 Soegogi 泡麵是三養公司的產品，和 Sogogi 是不同的產品。後來我才曉得泡麵業界也是會互相仿效，推出相似卻又不同的產品以誤導消費者消費，藉此獲利與成長。若換作是用我感興趣的領域來舉例說

1. Sogogi（소고기）與 Soegogi（쇠고기）指的都是牛肉，不過過去韓國認為 Soegogi 才是標準語，而將 Sogogi 當成是方言，直到一九九八年政府修改拼寫法，兩者都被核定為標準語。

明，這就像各電視台綜藝節目的賽局競爭。

我邊看報導，邊想著這些事，未刻意記下的內容卻也自然而然地記住了。因為那是一篇故事，就如同政治學者漢娜・鄂蘭（Hannah Arendt）曾說過「只要將悲傷放進了故事裏頭，就能被忍受了。」依此邏輯，一切的事物只要化為了故事就不會被遺忘，長久駐留在記憶中。

幾天後，我在一家位於望遠的綠豆煎餅店，對著坐在我身旁吃著泡麵的朋友黃孝珍（作家，兼我過去的室友），認真描述我所記得的安城湯麵爺爺的故事。開頭的提問就是在當時被提起的，而我便本能地反駁：

「我們有什麼不一樣，你明明就清楚吧，我又不是三餐都吃泡麵……的啊……」

前面那句話中的點點點省略掉的內容其實是：我通常每天會有一餐是吃泡麵或是泡麵類食物，平均一週吃個三次泡麵。就一名三十多歲的職場女性而言，這種飲食習慣和安城湯麵爺爺基本上相去不遠。我很快便醒悟到，如果有一個天平，一端是與我年紀相仿女性的飲食習慣，一端則是安城湯麵爺爺的飲食習慣，我的位置肯定更傾向於安城湯麵爺爺那一端。對此，我產生了困惑，那份困惑近似於小時候去到朋友家，才驚覺朋友家的生活習慣與自己家截然不同的心情，比如：廁所裡擺放衛生紙的位置、平日飲用水的種類、折衣服的方式等。總之，當我得知朋友們不像我和我爸一樣那麼常吃泡麵時，我的心靈受到了很大的衝擊。

記住有哪些新款泡麵上市，特地買回家吃；按自己的標準嚴選出的泡麵，並分門別類存放；對煮泡麵的流程自有一套標準與理論；會依照心情與當天情況決定吃哪一款泡麵……我當時非常納悶，這些不是很稀鬆平常的嗎？後來才發現原來朋友們都覺得我看待泡麵的態度很奇怪。

令我難過的是，周遭也沒有哪位朋友像我一樣，看到安城湯麵爺爺的報導標題就迫不亟待地點進去，仔細閱讀。「安城湯麵爺爺對安城湯麵情有獨鍾，不吃其他泡麵的原因難道是因為湯頭？」的假設多有意思啊！記者問爺爺有沒有嘗試過其他泡麵？爺爺說他會把安城湯麵做成拌麵，配蔬菜吃。但沒有放調味包卻放了蔬菜的泡麵，不能稱之泡麵，應該是一道料理才對吧？幾經思考，自己才醒悟這篇報導吸引我的原因。

因為我比任何人都認真地看待泡麵。

大家都知道泡麵外包裝背後寫有料理方式，大致分為兩個步驟或三個步驟。不管幾個步驟，最後的步驟都是「加入青菜、蔥花和雞蛋會更好吃。」諸如此類，所以，究竟幾個步驟壓根沒差。歸納各家料理方式，就是「把水煮沸後放入麵塊與調味包繼續煮」。僅此而已。當然每款泡麵的用水建議量不同[2]，放入麵塊和調味包後要煮的所需時間也不一樣。人人對於煮泡麵的見解有千百種，但基本上，煮泡麵的過程卻是千篇一律。

泡麵是全世界最簡單的食物，我們之所以隨處可見「比起煮泡麵更簡單的義大利麵食譜」一類的東西，不正是因為泡麵位居首位才可能被拿去

2. 泡麵外包裝寫的參考水量為五百到五百五十毫升，有趣的是同樣是五百五十毫升的三養拉麵寫了「三杯紙杯」，不倒翁真泡麵則是「二又三分之四杯」，農心的牛骨湯麵為「約三杯」。因此結論是水量可以彈性調整。為了尋找最佳風味，料理者不應受料理方式的限制，自由尋找合適的水量，作為自己的泡麵烹飪理論依據。

作比較。

除了無法客觀評價味道之外，泡麵是唯一兼顧實惠與便利性的食物，但它的致命傷在於鈉含量高、不健康。大家才會在不吃泡麵改吃其他食物的時候，選一些料理手法較細緻、價格較高的餐點以維持營養均衡。「健康」並不在泡麵的守備範圍。對一包不超過一千韓圓（約新台幣二十五元）的泡麵來說，它已臻完美。

最重要的是，一包泡麵就是一個人份，這便是泡麵的最完美之處（當然在拌麵領域，大眾的共識可能會有不同，這等我們聊到拌麵部分再行討論）。這並不是說我無法理解從眾多食材中挑選部分食材，然後花時間與精力準備出的一人份餐點的價值。但每當遭逢人生的艱難時刻，要是有一包只需花上五分鐘就能享用的一人份泡麵，我便會感到無比踏實。當然了，它好不好吃也是取決於自己的手藝。

倘若你能讀完這本書，至少能夠學到怎麼煮出好吃的一人份泡麵。如果有人對「有必要為了這麼簡單的事讀完一本書嗎？」提出質疑，浮現這種想法的人更應該讀完這本書。因為讀完看似將簡單的事做到得心應手的過程，以及人生與泡麵相遇的故事之後，平凡無奇的煮泡麵流程也能變得更有趣又充滿滋味。

我很喜歡「有趣又充滿滋味」的這種形容方式，如果有一個「有趣又充滿滋味」的世界，那會是我最想生活的地方。要是我人在那裡應該也在吃泡麵和說說笑吧。

步驟 01

開始煮泡麵之前

你家裡現在有泡麵嗎？如果有就太好了，沒有的話就去買吧。我的建議是單買個四到五包，不要買一整袋的超值包。市面上有這麼多不同口味的泡麵，沒理由只堅持吃同一種口味。重要的是，超值包的單價雖便宜，卻會徒增塑膠包裝垃圾問題。大賣場可能怕顧客覺得它分量不夠「大」才愛賣超值包泡麵，所以我更喜歡能單包購買的超商，也會留意超商常舉辦的「買二送一」優惠活動，趁那時入手。

我建議單包購買的另一個原因是保存期限。泡麵的保存期限其實比想像中還短……平均五個月左右，不到半年的時間……買了一整袋，很容易放到過期吃不完，要是你是一個人住就更不用說了。大部分的人都忽略了泡麵不適合囤積。因為煮泡麵需要水，所以它並不適合作為戰備食糧或是緊急狀況時的儲糧。關於這點我也很希望某人能知道……不知道我爸有沒有在看這本書。

既不相同，卻又如此相似的我們

我的爸媽住在京畿道河南市，假日或週末我偶爾會回老家，那時我會靠在主臥室的衣櫥上，邊吃巧克力消化餅，邊閒聊：

「爸，要是你擔心發生戰爭，你就要先備好戰備儲糧，所以你該買的是消化餅，而不是泡麵。」

我爸看我的眼神道盡了千言萬語。爸，我的意思是泡麵保存期限短，而且得有熱水才能煮，戰爭時才沒那個時間煮泡麵。我將泡麵是含有醣分的壓縮碳水化合物之類……都說了一遍，我爸卻漠不關心。對我爸來說，戰爭固然重要，但遠比不上選舉季時的政治話題重要，也沒有非選舉季時的實境秀和歌唱淘汰賽節目重要。雖然電視裡不斷傳來的噪音令我疲憊，但很久沒和爸媽相處了，我想再努力一下。

「爸，你不餓嗎？媽，晚餐吃什麼？」

爸爸說他最近沒食慾，不過這種話我聽慣了，並沒太在意。我爸卻信誓旦旦說這次是真的。是嗎？那事情挺大條的喔？所以我們要吃什麼呢？爸表情嚴肅地站起來，看着躺著的我說：

「你幫我煮個泡麵好了。」

煮就煮吧。

小時候我不理解所謂的「很像」指的是什麼，每當有人說「你們父女倆很像」，我老是一頭霧水，不知道我和爸爸哪裡像。我爸和我的膚色雖都偏暗，但色調不一樣，五官也不同。我們兩個臉上的痣都偏多，但痣的位置和數量都不一樣。總的來說，是相似的，但我又看不出哪裡像。首先，我小時候在看東西時，都是靠得很近看，我最先關注的不是整體的協調和共同點，而是細節的差異。父母子女或兄弟姐妹間，不一樣的地方肯定比一樣的地方多，但人們卻非得找出兩者的相似點，真是奇怪。

大人看見我和我爸很愛說「你們真像」，看到長相這麼說，看到動作也這麼說，我媽也愛說我皺眉頭的模樣和我爸如出一轍。我爸長得像老虎，眉間有深深的川字溝紋，不怒自威。正因如此，我第一個認識的漢字就是「川」。即使隨著年紀增長，我學會了更多的韓語與漢字，但我仍舊不明白大家為什麼愛說我和我爸很「相像」，但因為這些話從小聽到大，所以我成了有著皺眉和撫平眉間皺紋習慣的孩子。

這位叫尹伊娜的小朋友喜歡吃泡麵。我大概在學會說「喜歡」之前，就開始吃泡麵了吧。因為我爸喜歡泡麵，所以全家人經常會吃泡麵，我也自然而然地習慣吃泡麵。我已經不記得人生的第一碗泡麵或碗裝泡麵是什麼了，但卻清楚記得兒時的第一碗「王蓋泡麵」（Wang Tukong）。

王蓋泡麵憑藉著「我是王！」這句廣告口號而打響名號。在此之前，有「盛在泡麵碗蓋吃的八道（Paldo）鍋蓋王泡麵」的廣告歌曲，與其說是廣告歌曲，不如說是有音律的廣告台詞（和廣告歌曲不同）。我不知道該怎麼稱呼「有音律的廣告台詞」，姑且讓我稱它為廣告歌曲吧。在王蓋泡麵上市的一九九〇年，當時還是國民學校[3]時期。一年級的小朋友看見廣告裡，將泡麵盛在包裝的塑膠上蓋吃法，全都被迷住了，身為電視兒童的我更是如此。把用鋁鍋煮好的泡麵盛在泡麵上蓋吃，是我藉由無數電視劇畫面銘記下的公式。然而，我家煮泡麵的鍋子並不是鋁鍋，也沒有上蓋，當我知道能用泡麵上蓋吃泡麵的夢想將成真時，真的滿心歡喜，因此，我清楚地記得爸爸買了王蓋泡麵回來的那一天。

我記得我們打開吃飯的小桌子，我、爸爸和哥哥圍坐桌邊，媽媽那時

3. 國民學校相當於是台灣的國小。一九四一年至一九九五年稱為國民學校，一九九五年後，韓國教育部改名後現稱「初等小學」。

好像在做生意。我打開了王蓋泡麵，發現它和其他碗裝泡麵不一樣，有能蓋上的塑膠蓋，不用拿書壓在撕開一半開口的麵碗上。這不就是發明嗎？我以愛迪生的心情，往泡麵裡澆上熱水，蓋上蓋子，上面沒有特別放東西壓住蓋子，靜靜等待泡麵泡熟。我已不記得自己當時有沒有看時鐘計時，爸爸彷彿看穿了我把自己當作愛迪生的想法，從冰箱拿出了雞蛋，不打散，直接掀開蓋子，打入了整顆生雞蛋後再蓋回蓋子。

那顆雞蛋究竟是何方神聖？至今我依舊百思不得其解。我知道有人會往泡麵裡放生雞蛋，但在我記憶中，那是爸爸最後一次在碗裝泡麵裡放雞蛋。可能是因為那天他特別想吃雞蛋，或是有朋友告訴爸爸說那樣吃會很好吃。無論如何，雞蛋和爸爸的王蓋泡麵一起泡熟了。

出於好奇，我要求試吃爸爸加了雞蛋的王蓋泡麵。等大家的碗裝泡麵都熟了，爸爸打開蓋子，撈出一筷子雞蛋王蓋泡麵放到我的蓋子上。我滿懷期待嚐了嚐，有股莫名的腥味。

如今回想起，微辣的泡麵與雞蛋，絕對不是個好吃的組合。我對爸爸的泡麵瞬間失了興趣，把自己的泡麵放在泡麵蓋上的中央圓形凹槽，竭力仿效廣告裡吃泡麵的方式。好不好吃不是重點，重點是我正在吃著最新上市的人氣泡麵。在學校就可以說「你有吃過王蓋泡麵嗎？我有吃過！」我是一個會因為自己做了其他同學做不到的事；吃了其他同學吃不到的東西；看了其他同學沒看過的書而驕傲的孩子。對我來說，吃泡麵便是值得驕傲的事之一。

我第一次吃農心的炸醬泡麵（Chapagetti）[4]的記憶也與爸爸有關。

我不知道大家是不是都有週日化身炸醬麵大廚的回憶[5]，我只能再次確定自己是一個深受電視與廣告影響的孩子。不管是不是週日，我清楚記得媽媽、爸爸、哥哥和我，一家四口圍坐在桌邊吃炸醬泡麵的畫面。那是我還沒上學的時候。

我之所以記得那天，是因為爸爸在炸醬泡麵上加了辣椒粉。當時的我無法理解爸爸的作法，我從學齡前兒童時期就很疑惑，為什麼會有人想在一份完美的食物上再加入別的東西？但現在我的年紀和當時的爸爸差不多了，也大概懂了。如今的我吃大部分的湯泡麵不會再額外放入韓式泡菜或其他小菜，唯獨吃炸醬泡麵時必配韓式泡菜[6]，或是我就直接改吃四川辣味炸醬麵。現在我知道了當時的爸爸是想用辣味解炸醬麵的膩。

「浣熊炸醬拉麵」[7]——因電影《寄生上流》（기생충）而舉世聞名的韓國特製泡麵，靠著綜合了炸醬泡麵和辣味海鮮泡麵而達到味覺平衡，這與四川辣味炸醬麵是相同的原理。比起靠著吃醃蘿蔔解膩，還不如乾脆一開始就去餐廳點個托盤炸醬麵（儘管價格是炸醬泡麵的兩倍！），這點也是我從爸爸身上學來的。當然這是在我知道中式餐廳餐桌上會放辣椒粉之前的事。

這麼看來，我從爸爸身上學到了「在炸醬泡麵上灑辣椒粉會很好吃」

4. 農心出的炸醬麵泡麵，其韓文名是炸醬麵（Chapa）與義大利麵（getti）的複合詞。
5. 農心炸醬泡麵當時的廣告標語為「星期天我是炸醬麵大廚」。
6. 韓國文化體育觀光部已在二〇二一年七月將（김치 kimchi）的漢字訂名為「辛奇」，但因台灣讀者理解習慣，本書還是以「韓式泡菜」作為譯名表示。
7. 浣熊炸醬拉麵同為農心旗下的泡麵品牌之一。

這種撇步，我並不是說我沒從爸爸那裡學過有意義的東西。因為生而為人不僅要學語言、文字、道德與禮儀，還要學怎麼把碗裝泡麵蓋子折成圓錐形，代替盤子使用的方法。而爸爸他教會了我後者，但與其說是教，爸爸不過是親身示範罷了。

我們父女像的地方很像；不像的地方也很不像。要和這樣的人成為一家人並不容易。在我小時候，我深信自己是單方面承受著我與父親的差異和不平等。現在長大了，我很高興知道爸爸當年也覺得和我一起生活並不容易。

除了獨立生活後才知道的事之外，長久以來，我對爸爸累積下來的了解有：爸爸教會了我騎兩輪腳踏車；教會了我怎麼享用泡麵和炸醬麵；一旦他知道我愛吃哪種零食，今天、明天、下禮拜和明年都會買回家，即便他並不知道女兒早已吃膩，移情別戀愛上了其他款零食。縱使和女兒的政治立場完全相左，但覺得和女兒討論政治很有趣。因為膚色較深，所以衣服會選亮色或原色。喜歡江原道七號國道、看電視與泡麵。對成為一家人來說，知道這些也足夠了。也許正因為是家人，所以這些便足夠了。

最近，爸爸就算躺著說沒食慾，但一說要煮泡麵，就會悄悄地坐起。他想不到吃什麼，就會彷彿被我逼得只能吃泡麵一樣。他吃泡麵不挑品牌，但因為他偏愛老牌泡麵，所以我家常備著安城湯麵與三養拉麵。

不知道是不是因為他很清楚我早上都會爬不起來，或是他並不想知道，爸爸都會打電話突襲，問我什麼時候要回去，囑咐我要按時吃飯。而我一貫的標準答案都是：「我會啦！」但其實在爸爸打電話來之前，我很可能剛吃完了，或正要吃泡麵。

爸爸會說：「女兒，我愛你。」

我和這位表情比全世界任何人都還要冷漠，但從不吝嗇說我愛你的這個人很相像，尤其是口味。最相像。

步驟 02

超商、超市或大賣場，哪裡買的都沒差

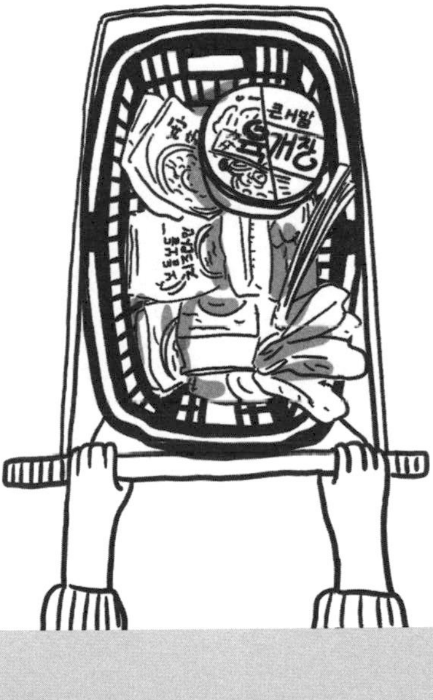

現在請你好好挑選泡麵。在這個世界上有兩種食物：泡麵和不是泡麵。如此分類便簡單明瞭。因為只需要正確答出「哪一種食物是泡麵」就可以了。

而將這個問題裡的「泡麵」定義為「韓式速食泡麵」，更能大大降低答題難度。泡麵就是裝在袋子或容器內，能在常溫下保存，附上調味包，用熱水煮好或泡熟後直接實用的麵類料理。雖然我試圖把泡麵的類別限定為是油炸過後的麵塊，但近來泡麵市場規模持續擴大，多了很多用乾麵或生麵的泡麵品項，所以條件必須得寬鬆一點。雖然我喜歡粉末調味包，但液狀調理包也在可接受的範圍之內。

啊，還有一個標準。那就是每包要在兩千韓圓以下（約新台幣四十八元）。我原本將價格標準定在了一千五百韓圓（約新台幣三十六元）。但在這個物價飛漲的年代，泡麵價格也漲不停，不可能永遠維持一樣的價格，考慮到物價上漲程度，我把泡麵標準調調高至兩千韓圓。

我還有另一個評判標準，那就是它究竟是吃得到「泡麵」滋味的泡麵？還是想讓吃的人吃出其他食物滋味的泡麵？對於後者我會非常地嚴苛。要是我吃到了後者，並且想在朋友群裡展現身為「泡麵博士」的堅持，我就會說「這不是泡麵」。我對產品本身沒有惡意，之所以不直說「它是試圖呈現出其他食物滋味的泡麵」是因為我想正視對自己拋出的質疑——泡麵正因為它是「泡麵」才好吃，為什麼要讓它變成不同的食物呢？既然我們想煮的是「泡麵」，那麼只需挑選真正的泡麵來煮就行了。

無法被稱之為泡麵的泡麵

我同樣愛吃辣牛肉湯。有多喜歡呢?之前，望遠洞的知名辣牛肉湯店，離我的住處不過五分鐘路程，我便經常前去光顧。因為太常去了，不知為何自己覺得很尷尬，所以開始製造上門光顧的藉口。遇到讓我很憂鬱的事，我就會去辣牛肉湯店。在我滑滑板摔到手肘裂開，右手打了石膏的那天，我也去了辣牛肉湯店。我永遠不會忘記當時老闆貼心遞來的不是筷子，而是叉子。能成為生意興榮的名店果然並非浪得虛名。

我簽重要合約的日子也會去那家辣牛肉湯店，雖然發生了吃得太專心導致心愛的白色T恤上濺上辣牛肉湯的慘劇，但我並不遺憾。當時，朋友常嘲笑我開口閉口就是「沒辦法了，明天只能吃辣牛肉湯。」

因此，當簡稱為「牛刀」的辣牛肉湯刀削泡麵上市時，我滿心期待著。儘管我不喜歡如刀削麵般的粗麵條，而且偏愛油炸麵塊多過於乾麵。但它可是辣牛肉湯啊！光是這一點就讓我殷切期盼。我認為辣牛肉湯是所有紅色湯頭食物裡頭的巔峰之作（個人很好奇在殯儀館連吃兩碗辣牛肉湯是否會很失禮。）[1]。

對韓國人來說，辣牛肉湯分成兩種，一種是在喪禮上吃的，一種是小碗碗裝泡麵的代表：農心辣牛肉湯麵。但是，農心辣牛肉湯麵由不辣卻油膩的獨特湯頭，與細長麵條完美結合而成，與真正的辣牛肉湯八竿子打不

1. 大部分韓國喪禮現場都會提供辣牛肉湯，有一說法是因為喪禮時間較長，要準備能久放的食物招待賓客，還有一種說法是紅色的辣牛肉湯能避邪。

著關係。這當然是農心辣牛肉湯麵的最大優點。我希望農心辣牛肉湯麵能像真正的牛肉湯一樣，兼具調味包的美味，讓吃的人能吃出真正的辣牛肉湯滋味，又要能嚐得到泡麵的美味。是我要求太高了嗎？但這卻關乎本質。泡麵不是任何料理的替身，身為泡麵，它僅需要盡泡麵的本分。

我自有一套對泡麵評量標準。這和評價一部作品的內容（content）是一樣的。一碗好泡麵，讀起來得像是故事，吃起來也要像是故事。辣牛肉湯泡麵給我的第一印象算不錯，有滿足我的期待，分數介於三顆星到三點五顆星之間。之所以有半顆星，是考量到它強調自己是用生麵塊，但生麵塊的表現卻差強人意。泡麵好吃與否的關鍵不在於是不是生麵，所以我個人認為，無需太過刻意強調是生麵這點。再說一次，倘若你想吃到麵條口感出色的麵，那又何必吃泡麵呢？

讓我們先把麵塊的事擱在一旁。農心辣牛肉湯麵的湯頭比我想像得好，能讓人想起真正辣牛肉湯的風味，又兼具泡麵的強烈滋味。打從它問世之後，有很長一段時間裡，都是我櫥櫃裡的常客。在我替泡麵排名時，它總能脫穎而出，進入優勝者候選名單，是各方面都在平均值以上的好手。

但問題在於新品更替。我無從得知廠商的想法與實際情況，不知道是發售後的迴響不如預期，還是缺乏特色，辣牛肉湯麵很快就推出了新一代。就像許多產品的新舊交替一樣，新的開始是種風險選擇。以辣牛肉湯麵來說，它選擇堅持要做出牛肉湯的味道，將餐廳賣的牛肉湯刀削麵的味道視為目標。大家有感覺到了嗎？至少我認為是走錯路線的強烈預感。

以麻辣燙為例好了。我也愛吃麻辣燙，比起炸醬麵，它還更早便成為了韓國地方特色美食。我愛吃麻辣燙愛到不辭辛勞，走遍首爾各個角落，只為探訪知名的麻辣燙店。然而，我吃三養的麻辣燙拉麵一樣能吃得很香。這是因為我從一開始就知道，這款泡麵永遠不會成為真正的麻辣燙。

麻辣燙就像湯底一樣，能自由放入喜歡的食材，如蔬菜、肉、海鮮等，最少五種，最多十種。而麵條和年糕之類的碳水化合物，更是想放多少就放多少。僅憑乾炒是無法對抗這些食材的。這就是為什麼三養麻辣燙拉麵選擇作為一款傳遞「些許」麻辣香和辣味的泡麵。這是多麼聰明的取捨啊！簡言之，三養麻辣燙拉麵打一開始就不期許自己成為麻辣燙，而它這種水準足以輕鬆滿足我對麻辣的慾望。真的想吃麻辣燙時，我去店裡吃就行了；沒那麼想吃，只是有些想念麻辣香味時，我就吃麻辣燙拉麵。

可是辣牛肉湯麵和麻辣燙拉麵不一樣。沒有一款泡麵能變成真正的牛肉湯，農心卻為了做出真正的辣牛肉湯而推出新一代產品，我雖不清楚它的具體調整之處，但因為它想強化辣牛肉湯的味道，反倒令辣牛肉湯麵不知不覺間變成一碗平淡無趣的湯。它既不是辣牛肉湯，又不是湯泡麵。在新一代產品問世之前，至少它是一款名為辣牛肉湯麵的湯泡麵，現在連那種味道也消失了。

吃著新一代的辣牛肉湯麵，我的心頭襲來了一股落寞。這種心情就像我看到某人執著成為更帥氣的「他人」，而不是讓自己成為更好、更棒的人一樣。人們並不期望僅用少少的錢買來的泡麵，能品嘗到真正的辣牛肉湯滋味。我最愛的辣牛肉湯一碗要八千韓圓（約新台幣一百九十元），還會免費招待醃蘿蔔、韓式泡菜，和一片當季水果作為甜點。當我想吃真正的辣牛肉湯，我就會光顧那些店家。

而我現在想吃的是泡麵。泡麵不是想吃某種食物時，拿來取代那種食物且**C／P**值高的食物。我吃泡麵就只因為它是泡麵。至少對自己而言正是如此。

步驟 03

如果你買的是碗裝泡麵

要是你已選定好今天要吃的泡麵，只要結帳後帶回家煮就行了。但假如還是覺得有些遺憾呢？那就試著多買碗碗裝泡麵吧。雖然我不清楚為什麼這時候不是該買甜點，而是碗裝泡麵。但在我的日常生活經常會遇到不知為何需要碗裝泡麵的時刻。於是我去超商時，只要覺得應該多買點什麼時，我一定會買碗裝泡麵。

煮袋裝泡麵的精髓是麵條在水燒開的過程中，已浸透了湯頭滋味。在這方面，用熱水泡熟的碗裝泡麵確實略遜一籌，但從便利性來說，碗裝泡麵是能戰勝袋裝泡麵的唯一食物。在沒有袋裝泡麵時，大可拿碗裝泡麵湊合，但想吃碗裝泡麵時，是沒辦法將就於袋裝泡麵的。因為多了很多麻煩。

碗裝泡麵是詮釋「Instant」——「即時」、「即刻」，或「一瞬間」的最佳代名詞。它快速、簡潔，不需付出勞力計算要放多少水量，就能獲得「掛保證的美味」。我輕易地就拜倒於它誘惑下。倒入熱水，什麼都不做，等待的那三分鐘猶如做了三分鐘平板支撐一樣漫長。

時間以每周的五碗碗裝泡麵流逝著

我人生中吃下最過多泡麵的時期，是在澳洲布里斯本的時候。我三十歲那年踏上了南半球澳洲打工度假之旅。從初夏到晚秋的六個月裡，我在某一家雞肉工廠上下午班。雞肉工廠位於人煙荒蕪的原野，吃飯就只有兩種選擇，要不是雜貨店的食物，就是自帶便當。雜貨店食物換算成韓幣約六千韓圓（約新台幣一百四十五元），而且是我三十年人生中吃過數一數二難吃的，所以自己帶便當是必然的，這不是選擇題。

但即便嗜吃泡麵如我，也不可能天天都想吃泡麵。由於工廠的工作是純粹的勞力活，我必須吃比泡麵更健康的食物以補充營養，因此，我有生以來，第一次心懷遠大抱負——自己準備營養均衡的便當上班。澳洲的牛肉與蔬菜價格低廉，所以我第一次做的便當是牛排沙拉。然而，兩天後我就放棄了。因為一早烤好的牛排，到了晚上再微波加熱，會變得非常硬，加上工作到晚上的我，根本沒有力氣到微波爐前排隊微波便當。我再次體認自己的身體需要碳水化合物來應付繁重的勞動，在準備便當時，我出了一道題給同居室友：

「你知道足球選手在比賽前會吃什麼嗎？」

室友不確定地答道：「肉？」錯！每次我提出這個問題，十之八九都會回答含有蛋白質的食物，然而，正確答案是義大利麵。也就是說，碳水化合物才是正確答案。果然要用力氣的時候就是得吃碳水化合物！因此，我做了義大利麵便當，無比珍惜地帶去上班。晚餐時間一到，我迫不亟待地打開加熱好的便當，等待我的是，腫脹如烏龍麵般的義大利麵。我慶幸自己果斷放棄，才上班一個禮拜就打定主意，晚餐一概用泡麵打發。

每週一搭火車前往工廠的路上，我都會先去逛逛韓國超市，作為迎接新的一週的開始。我會購買五款不同口味的碗裝泡麵，全都塞進置物櫃，晚上愛吃哪款就吃哪款。當時是我第一次從事勞力活，適應的很辛苦，根本沒餘力思考營養均不均衡，我只知道，我迫切需要碳水化合物，以及鈉元素所提供的即時幸福與力量。試吃和國內口味截然不同的異國碗裝泡麵，或只有國外才會販售的碗裝泡麵，便成了我對晚餐的全部期待。

語言實在非常奇妙。當我說著非母語時，會和原本的自己稍微不同。我語速很快，英文口語也流利，但我不喜歡腦中想表達的意思，跟不上脫口而出的話語，於是乾脆少說話。有些同事的英語是第二外語，我也不喜歡出現雞同鴨講的對話，因此大多時候我都是傾聽的一方。自己不愛聊私事，盡量選在一對一交流的場合才開口，雖說如此，那種情況也並不多，再加上我常在工作地點遇到老友，以致於常缺席工廠同事的聚會。以上種種因素，使我在同事之間變成了一個神祕人物，身為當事者的我卻渾然不知。我面無表情，滿腦子只想讓自己完成工廠的工作，然後帶著最燦爛的笑容下班。

也許就是因為這樣，在那段時期我遭受到很多誤會。在那個說大算大，說小也挺小的工廠裡齊聚了不少勞工，無論本人是否願意，你所代表的國籍或你的僱傭狀態都會被放大檢視，進一步刺激了無意義的謠言。在某個我缺席聚會的週末，我的韓國朋友潔西卡和打工度假的同事聚會後，告訴了我某個謠言。

「他們好像誤會你了。」

打工度假的同事多是二十多歲的亞洲人。非正職員工居多。他們認為我不參加聚會是因為沒錢，而對於「我沒錢的原因」有諸多天馬行空的想像，比方說，晚餐聚會之後還會吃甜點、喝酒，餐費預算爆表。

這些想像的根據來自碗裝泡麵。不可能有人每天晚餐都在吃碗裝泡麵。「伊娜這麼省，是不是有渴望達成的目標？」「伊娜好像不喜歡這裡的生活。」朋友潔西卡老是聽見同事加油添醋的謠言，覺得太誇張了，也很不舒服，所以特意替我闢謠。

「不是的，她就只是單純喜歡泡麵。」

潔西卡一開口，所有同事都看向她。她補充道：伊娜真的很喜歡韓國泡麵，因為喜歡才吃的。還有，她大概是我們當中最會亂花錢，最享受生活的人吧？她花錢沒在手軟的。

不愧是身為我朋友會說的話。按當時的匯率計算，我的週薪約一百萬元韓圓以上（新台幣約兩萬四千元）。用勞力換來的天文數字高薪，遠比我來澳洲之前在韓國做過的工作高。身為異鄉人，我當然會拿來享受優渥的生活。我住的房子，環境與地理位置俱佳，插有鮮花的房間，從韓國越洋購入的書籍，每週末都竭盡所能地享樂。

「但是現在我要開始存錢了，同事都把我當小氣鬼，我必須回報他們的期望。」

說說而已，我並沒有要這麼做。在那之後，我依舊坐在桌子最遠的一端，吃我的碗裝泡麵。為了平衡口味，我嚴謹規劃了每天的碗裝泡麵口味，每週五次晚餐，其中一兩天吃湯頭清淡的米線碗裝泡麵，還有，兩個禮拜內不吃相同品項的碗裝泡麵。泡麵千萬種，各有特色，怎麼吃都吃不膩。不過，我必須得承認工廠打工的那段期間裡，夜晚很難熬。我去澳洲的目的是賺錢，但某一天，我忽然覺得自己每天長時間的工作，換取到的只有錢，沒有其他任何價值或意義。這種突如其來的念頭，令我很疲憊。白天工作忙碌，無心力多想，萬籟俱寂的夜晚則思緒百感交集。

晚餐泡麵時間一到，縱使不進行撕月曆等其他確認時間流逝的儀式，我也能知道又過去了一天，再看到置物櫃減少的泡麵，就能推算出距離放假還有幾天，開心難以言喻。時間以每週五碗碗裝泡麵為單位流逝著。

在我吃下六十碗左右的碗裝泡麵後，我們組裡最年輕的，同樣是來打工度假的香港同事表達了辭職的決心：

「我還年輕，我不想在這裡浪費時間做這份狗屁工作。」

果不其然，那句話很快地傳了出去。我的心情很微妙，我也經常告訴朋友不想做了，如果工作價值僅限於薪資報酬，就是在浪費時間。然而，無論那位同事出於什麼原因而辭職，那句話對留下來的人都是一種傷害。

工廠裡有很多的潛規則與無形的線。能清楚看見那條線的地點就是餐桌。正職員工與非正職員工；當地人與移民。移民也會根據膚色的不同分坐在不同的桌前，打工度假的背包客們則另坐一區。雖然工廠沒有規定座位，但擁有共通點的人會自然而然地坐在一起。在別人眼中，也許覺得我們是因彼此要好而坐在一起，但實際上我們很少對話，也不是言語都相通，並不知道彼此腦子裡在想什麼，就連要誤會人都不確定誤會得對不對。

也許我將那段時期當成了速食食品。瞬間、短暫。我比任何人都更要享受那段時期的異國生活，並清楚自己只是位過客，時間到了自然會離開。無論工廠生活或工廠外的生活皆是如此。我就像大部分的人一樣，在一定的時間裡停留在某個地方，要是不把這件事當成是暫時的，就無法在現實中堅持下去。這些全都是煮得不冷不熱，吃完就會結束的時刻。

我之所以走在看不見的線的邊緣上，對一切心存希望，是因為法律規定了勞工們脫下工廠制服與工作靴的日子。我很清楚，對那些在餐廳有固定座位的人來說，我充其量就是位喜歡泡麵的人，所以我想遵守那條線。我在意的只有一件事：在週五完成最後一項工作，吃完五碗泡麵離開工廠的那一刻。我只想著那個週末我會和誰見面；我會去什麼地方；我會看什麼書；我會吃什麼美食；我會喝什麼咖啡，還有我將會見到的風景。

在我做完做的事，寫完該寫文章，度過思考不重要小事的週末後，周而復始的週一又到來。我依舊在上班前去韓國超市買下五碗碗裝泡麵。那個時期真的就這麼結束了。平日吃著碗裝泡麵的我，在合約期滿後離開了工廠。

不久前，我在望遠市場裡的小雜貨店裡，發現了只外銷到國外的米線泡麵。因為是中小廠牌的產品，只會出現在小雜貨店，其他地方找不到也很正常。我欣喜地買回了在澳洲吃過的鯷魚湯頭口味，滿懷期待地吃下肚。遺憾的是，當時的味道已不復存在。據說，外銷用的泡麵偶爾會調整湯頭成分。這麼一想，我偏好油炸麵體，不喜歡清淡湯頭，當然不可能覺得鯷魚湯頭口味的米線好吃。也就是說，當時的我只求填飽肚子，根本沒在在乎味道。用今日份的碗裝泡麵暫時充飽一天份的力氣。

我吃著清淡無味的米線泡麵，自然意識到打工度假的經驗改變了我觀看世界的方式。我也像那位離職的香港同事一樣，在心底不斷自問「做這種工作有什麼用？」這個問題在我離開工廠後依然縈繞著我。不論是把我定義為「韓國女工」，或關於人種與性別產生的誤會或謠言會產生何種效應，其他人對我「貼標籤」的體驗，都讓我留下了深刻的印象。

之後，不光是在肯德基吃炸雞，會想起工廠裡的雞，當我想到肉類消費與環境的相互關係時；當我接觸到種族主義與移民問題時，我開始意識到我身為一個亞洲人與一名女性在這個世界的定位。每當發生與此相關的事，我都會想起在澳洲的夜晚，越來越覺得不自在。這比我坐在桌子一端所產生的誤解或謠言，更令我不適。這就像過去坐著正職同事的車下班回家的路上，彼此有些同病相憐，卻又覺得自己與他人不同。我始終離不開那張餐桌，如今吃泡麵時偶爾還會想起那個時候。

「那不是份狗屁工作，就只是一份工作而已。哪怕對你沒有價值，但只要有人在做，它就永遠不會是狗屁。」

每當想起那個時期每日的碗裝泡麵，我就會把這句話翻成英文。想說給當時那位正在用置物櫃剩下的泡麵數量，計算工廠生活還有多少天的，三十歲的自己聽。

步驟 04

準備來燒水

要是你已經買好泡麵，也順利回到家，那麼現在該是燒水的時候了。就像我前面說的，煮泡麵沒有特別的訣竅，把水盛到容器上建議的指示線，泡麵廠商建議你等多久就等多久。時間到了就開吃。

在燒水之前，先檢查所需的工具。煮裝泡麵需要鍋子，與煮好之後盛裝的碗，直接用鍋子吃也無所謂。假如不是在自己家中煮泡麵，手邊沒有慣用的鍋子怎麼辦？面對大小與形狀都不同的鍋子也無須驚慌，我甚至用過平底鍋煮過泡麵，要是你不得不用平底鍋煮，記得要買四角麵塊的泡麵，像是珍拉麵[1]或安城湯麵。四角麵塊的泡麵能把中間摺疊的部份展開，在平底鍋均勻受熱。但說真的，要是有心煮泡麵，又能燒得了開水的話，不管是鋁鍋還是鐵鍋，瓦斯爐還是電磁爐就都稱不上是問題了。

雖說如此，我最喜歡用瓦斯爐煮。不過，自從朋友送了我一個料理專用的電鍋當作搬新家的賀禮後，我的想法開始變了，最近我喜歡用那個電鍋煮，煮好後放進有小把手的碗裝泡麵專用馬克杯裡，大快朵頤。你就按你自己喜歡的方式做，從眼前有的選項中作出最好的選擇。就算沒有好工具一樣可以享受。泡麵果然是為了所有人著想的食物。

被快煮鍋拯救的夏天

土地文化館位於江原道原州市興業面梅芝里檜村，從名字就能得知，

1. 珍拉麵為韓國不倒翁公司旗下的一款泡麵品牌，有原味與辣味兩種口味。

它是由撰寫長篇小說《土地》(토지)的作家朴景利[2]設立的基金會所經營的文化會館。在我從海外回國的那短暫幾年,我幸運地入選某個文化藝術家創作工作室的補助計畫。在找到能於首爾順利落腳的房子前,我在創作工作室住了一整個夏天。我懷抱遠大抱負,打算在那裡寫出一本新書的初稿,與修改一篇獨幕劇劇本原稿。儘管創作工作室沒有想像中的偏僻,我還是懷著悲壯的心情收拾了行李。

當時的新聞預告那年夏天將會是幾十年來最炎熱的夏天。在我得知創意工作室並無空調時,我立刻預見了註定不順遂的工作室生活。首先,那一年的七月異常炎熱,我別無選擇地與從事不同創作類型的創作者一起玩樂、休息。意外的是,除了從工作室移動到有空調的咖啡廳、圖書館、超商、麵包店或餐廳需要花點時間外,在工作室的生活並沒有太大的不便。

在京畿道生活過的人都曉得，只要算準時間再前往公車站牌等車就沒什麼大不了的。

那年夏天，不管遇到了誰，我都一律尊稱老師[3]，後來喊成了習慣，最後把世界上所有的存在都稱為「老師」。「昨晚野豬老師來找我了。」用這種方式當開場白。當我把所有的存在都統一稱為老師後，我發現處處都有老師，野豬老師和牠的子女們出席了整個夏天的例行活動，獵人老師也沒也缺席，某一晚滿月老師也共襄盛舉，時間充實地流逝。

八月前，我聽說某間房有浴缸，於是我決定換房間，反正和我一起玩

2. 朴景利為韓國知名女性小說家，其代表性作品《土地》描述了韓國被日本殖民統治與解放的過程。

3. 除了真正的學校老師外，韓國人對尊敬的人、有資歷的前輩等也都會稱呼為老師。

樂的創作者只待到七月便都離開了。隨著截稿日的逼近，是時候該認真工作了。既然這段時間沒有出現裝設新空調的奇蹟，想要避暑的就只剩浴缸了。我不願回想那個炎夏。只記得當時聽說熱到連首爾打開冷水水龍頭，出來的水也是微溫的。所幸，在我所處的原州山谷裡，依然有嘩啦啦的涼水沖過我的脊椎，因此自己最壞的打算是，要真的熱到撐不下去，我就在浴缸裡完稿。

有段時間，我覺得自己成了電影《好萊塢的黑名單》（Trumbo）的主角，不過那也只是暫時的，我聽說了有個房間比我現在待的房間更好。七月住過那個房間的小說家炫耀說，即便房間裡沒有浴室，但兩側臨山，涼風迎面而來，再者，那間房只有一個入口，從外頭看不見房裡，就像獨棟別墅一樣。

「那又不是你的房間，是作家朴景利的。」

我將這句回話嚥回嘴裡。在水與風之間猶豫不決的我，最後選擇了風。

我的朋友編劇申海妍在七月收拾行囊，準備離開。她捨不得就這麼離開，於是問了我：

「我要不要多留一天，一起去玩？」

但凡隔天不是截稿日，對於玩樂邀約，我向來是來者不拒。我向海妍編劇炫耀了我的新房間，打開窗戶與玄關，確實很涼爽。想起被炎熱折磨的七月，風是一種祝福。

「可是，紗窗破了欸。」

「啊，是我剛才進來踩到的，蚊子會飛進來嗎？」

「我去拿電蚊拍給你！」

其實，其他創作者離開前已經把剩下的食物和緊急用品全給了我，我正感到很踏實，現在我又得到了海妍編劇收在行李裡的電蚊拍。我是個擁有電蚊拍的人了。

「還有這個，鏘鏘！」

不愧是雖僅結識一月卻知我甚深的好友。她手上拿著的是，這段期間輾轉於每個創作者房裡停留的快煮鍋。每個創作工作室都有一個電熱水壺，但沒提供快煮鍋；休息室雖有公用微波爐，卻沒有瓦斯爐和電磁爐。也就是說，在創作工作室室內裡禁止開伙。雖然許多文學作家會想方設法偷做飯，但大多只是做做下酒菜。

光是看著那個快煮鍋，雖未曾親耳聽聞或親眼目睹的我，也知曉管理員與創作者之間經歷過多少糾葛。但禁止開伙總比發生意外好，只不過，站在自己的立場上，唯一遺憾的是我都準備了碗裝泡麵而來，卻沒辦法用煮的，只能看著乾瞪眼。但是，現在終於可以煮泡麵了！從被帶入創作工作室的某人手上，代代相傳的那個快煮鍋太珍貴了。我燦笑道：

「突然覺得自己一日致富！」

我心懷感激地收下快煮鍋，然後從電蚊拍與蠟燭的中間，拿出了出門散步要用的手電筒後。又撤了眼紗窗。洞雖有點大，但應該是沒關係吧？不過，我多少能料到現在的沒關係很快就會變得有關係。如今覺得人生和故事都是預先留下了伏筆的。

那是個浪漫的夜晚，至少遇到野豬前本該如此。我們先穿過了一片玉米田，準備前往一個據說能賞月的桃子園。就在此時，某處傳來了沙沙聲，正當我們想著「不會吧？」的時候，一隻小野豬掠過我倆眼前，接著彷彿有誰下達了指令一樣，我們不約而同地轉過身，手勾著手，高速朝創作工作室狂奔。自己做夢都沒想過這輩子會和一頭野豬如此「近距離」接觸。只是，約莫一年之後，又有某頭野豬造訪了我父母住的社區，還闖進了我的母校。因為韓國是個百分之七十的土地都是山坡地的國家，所以野豬其實比想像中的要離我們更近。

我們衝回了創意工作室，我的腳已經被廉價的三線拖鞋磨破，但剛升起的月亮太美，實在不甘心就此回房。不是狼人的我卻依舊渴望看見桃子園上方冉冉升起的圓月。為什麼會那樣？如今回想起來，我當時就應該要放棄才對。對未來苦難仍懵然無知的我們，便拜託了一位有車的創作者載我們去桃子園賞月。被晚風吹動的雲朵包圍了如飛碟般大的皎潔圓月，真是個醉人之夜。

「決定再出來真是對了！」

我們雖非許生元[4]卻沉迷於月夜下，結伴冒險完的我們一回房，就看見了入侵者。一隻宛如摺紙般美麗的飛蛾，與一隻看起來擁有HD超高畫質的蠡斯停在書桌攤開的書上。對人類出現渾然未覺的飛蛾，還有應該已經察覺人類走到身旁的蠡斯，兩方都毫無動靜。

4. 許生元是韓國著名文學短篇小說《蕎麥花開時》（메밀꽃 필 무렵）的主角。在小說中，許生元陪著偶然認識的年輕街頭小販前往市集，在月光下的蕎麥花田裡回憶起與少女的往事。

換作平常，我都是傾向放生而非殺生，但偏偏電蚊拍剛傳承到我手裡，要是我此時我推開紗窗放生，外頭成群的蚊子與昆蟲就會循光進來。因此相較之下，解決掉牠們是較安全的選項。這邊一到晚上，獐子的啼叫聲彷彿近在耳邊。獐子有著與外表截然不同的啼叫聲，在緊急情況下，牠發出的啼叫聲與人類的哭聲非常相像。初次聽到時自己還不知道那是獐子發出的聲音，還怕到考慮要不要報警。此地就是如此偏僻又廣闊的鄉下，飛蛾與螽斯成為房裡的不速之客，實在不足為奇。我們決定鼓起勇氣，神速又精準地先解決飛蛾，後搞定螽斯。

然而，我們的判斷卻出了差錯。因為電蚊拍是為蚊子量身打造的。顧名思義，是拿來電「蚊」的拍。也許正因如此，進展並沒想像中得迅速、簡潔。飛蛾的翅膀掛在了通電的鐵網上，發出響亮的滋滋燒焦聲。牠的痛苦生動得讓我們不寒而慄。可是頭都洗下去了，還是得洗完。

下一個目標是蝨斯。電燒的劈啪聲不止，還外加焦香的氣味。不知道為什麼會覺得電燒的氣味很香的這件事一直困擾著自己，而更令我良心不安的是，這是繼上個月獵人老師開槍打死一頭小野豬之後發生的謀殺慘案。蝨斯沒有一次被電死，牠的腿動了動，而我第二度下手電牠的瞬間，牠的尾巴冒出了又細又黑的東西。長而醒目。我問了在一旁看著我揮舞電蚊拍的海妍編劇：

「看見了嗎？那是蝨斯的大便嗎？」

下一秒，開始不斷蠕動。

「不對！海妍編劇，那還會動！」

聽到我的話之後，正小心翼翼觀察蝨斯的海妍編劇，放聲尖叫。怎麼可能，它竟然還是活的，那到底是什麼東西？怎麼會長在那邊？我看見那個長約二十公分，像細長電線一樣的物體在動，一定是我看走眼。就在這時，像是在嘲笑我一樣，那個從螽斯身上逃出的線狀物，換在我的桌上開始蠕動。它究竟是什麼東西啊？

我放聲尖叫，竭力伸長手臂，將電蚊拍再次蓋到那個未知生命體上。螽斯的雙腿都被燒焦了，總算死了嗎？而當我舉起了電蚊拍，說時遲那時快，那個未知的生命體直立起來，像眼鏡蛇一樣扭動著身體。牠到底為什麼不會死？就算親眼目睹也難以置信。牠究竟是什麼？是惡靈嗎？我們眼前看到的是驅魔儀式嗎？我現在正在飾演驅魔人的角色嗎？

海妍編劇看到如此恐怖的情景，跪倒在地，蒙著臉又哭又笑。據她證詞所述，當時的我……實在太荒謬了，臉是笑著，眼裡卻噙著淚，拼命地電擊不明生物，既勇敢又怪異（自己居然會在這種時刻迸發勇氣），最後第三度使用電蚊拍，牠依舊持續蠕動，再也撐不下去的我們只能請來對面房間的小說家，麻煩他清理螽斯的屍體和那個活著的謎樣生物。事情才就這樣告一段落。

日後，我將此事轉述給其他朋友聽，有人說「會不會是鐵線蟲？」於是我搜尋「螽斯、鐵線蟲」之後，學到了很多無用的冷知識。比方說，江原道橫城是鐵線蟲的主要棲息地（原州就在橫城下面）。被鐵線蟲寄生的蚱蜢或螽斯成了「喪屍」，鐵線蟲操縱著螽斯朝向水邊移動，接著鐵線蟲就會穿出牠們的身體……我真心希望自己沒聽過這些事。喪屍螽斯和那隻不知死了還是活著的鐵線蟲離開房間後，我的身體莫名發癢，失眠的海妍編劇陪我聊了通宵。

同樣身為創作者的我們，天南地北地聊著：聊某些我們想造訪的，語言不通的遠方城市；聊舞台劇、聊書、聊故事、聊作家這一個奇怪的職業；聊社會與人際關係中必須要培養的奇特直覺；聊那些我們永遠失去的東西；也聊因此而獲得的東西。畢竟這些事比鐵線蟲更餘悸猶存，比月光更接近我們的生活。

隔天的世界美好得像個謊言，當然不是說昨晚不美麗，只是發生了無以名狀的事。

「伊娜老師，你有袋裝泡麵嗎？」

海妍編劇不知道是不是看見了我的寶貝快煮鍋，順口一問。

「沒有耶。之後出門慢跑的時候，再去下面的超市買就行了。」

「啊，那就好！」

我們依依不捨地說出「首爾見！」在出現了野豬和鐵線蟲，讓人感到不自在的土地文化館，作為自由工作者的我在這裡遇見了很多業界人士。接下來，我真的要努力替剩下的工作收尾了。我下定決心後想逛一下市場，搜尋了位於離市區有些距離的 Emart 超市。在過程中，我得知了意想不到的資訊。

「——海妍編劇，你……可知道，這一區其實購物是有納入宅配免運的範圍內喔！」

我傳了訊息給回首爾路上的海妍編劇，告訴她我們珍惜共享的所有生活必需品與食材，其實全都可以免運送到工作室。我看著自己發在聊天室內的「火速宅配」一詞就忍不住爆笑。過去的一個月，我們到底在幹嘛？那些被宅配大國認可的鄉下不便的浪漫情懷，還有我以及我們不必要的辛苦……

很快地，氣泡水、餅乾和四包辣味 Jin 拉麵放在了有著破洞紗窗的工作室門前。這些東西居然會出現在門前，著實令人難以置信，卻又不得不信。無論如何，在沒有韓式泡菜與其他小菜的情況下，辣味泡麵是上上之選。我迫不亟待地用的快煮鍋煮了泡麵。不熟悉的料理工具和久違的煮泡麵，絲毫沒影響到我的料理實力。果然流行只是一時，經典才是永恆的。

在風和日麗的日子裡，泡麵正在我住了一個月的房裡沸騰。一聞到泡麵的撲鼻香味，我就想起了昨夜的回憶。長久留在記憶中，不分時地都想與人分享的故事。

步驟05

拿捏適合水量

要是你已經準備好了煮泡麵和燒水的容器，是時候倒入適量的滾水煮麵了。不過絕大部分的人都是敗在這一步。究竟多少的水才算適量呢？就像我前面提的，大部分的泡麵包裝上印的水量是五百到五百五十毫升。我曾在某篇介紹泡麵生產過程的報導中讀過，「煮泡麵的水量是經過無數次實驗後得出的結果。」這樣的字句。

然而，大家的口味各不相同，每款泡麵的份量也不一，要想每次都能煮出最適合自己的泡麵並不容易。從現在起，我要介紹「我的自創煮法」。啊！順帶一提，煮泡麵的時候我喜歡從頭到尾都開大火。這也是我喜歡泡麵的原因。

為了讓煮好的泡麵倒進碗時，看起來像是泡麵包裝上的「調理參考」，所以煮麵的水量必須比包裝建議的來得少。要是煮開後水不夠可以再加水，但如果一開始倒入太多水那就沒救了。讓我給大家一個萬無一失的秘訣吧。那就是燒一碗和家裡湯碗量差不多的水，通常是四百五十毫升，這樣就夠了。

不過近年來的湯碗越做越小，假如你還是覺得不放心的話，我建議你用熱水壺燒點水，煮泡麵時，隨時觀察水量，覺得少了就加。加熱水是為了避免泡麵鍋的水溫突然驟降，需要時間重新煮沸。在這段期間，鍋裡不要有麵條，尤其若是煮超過兩人份，變數會更多，更需要另外備好熱水。

參照上述方法的話幾乎是萬無一失。我再重新梳理一次，煮泡麵失敗的原因有兩個，一個是水量控制；一個是麵在滾水裡煮的時間。假如你能成功調節好水量，就等於越過了第一座山。

步驟 06

等待水燒開的時間

在等待水燒開的時間，依自己喜歡的方式備妥餐具是最有效率的做事方式。我自己會先鋪設好餐墊，擺好碗與餐具，提前倒杯水。大多數的人會在這時候端出韓式泡菜或醃蘿蔔等小菜，不過我是例外，是因為我吃泡麵時不會配韓式泡菜或醃蘿蔔。作為「即使滿桌誘人的山珍海味，少了韓式泡菜仍舊感到索然無味」的韓國人，我知道說出這句話需要很大的勇氣，但這就是我品嘗泡麵的堅持。

我的人生泡麵餐酒搭配

今天我媽問我要不要帶些韓式泡菜回去住處，因為韓式泡菜不能帶上大眾交通工具，所以我拒絕了。十年前，當我第一次搬出家裡時，不論媽媽準備什麼，我都照單全收，尤其是韓式泡菜。當時我還不知道買食材要先考慮到吃飯的人數，也不知道正確存放與料理食材的方式，對那時候的我來說，韓式泡菜就是萬能食材。韓式泡菜加上鮪魚，煮湯、炒飯、煮粥，想做什麼都可以；樸素的韓式泡菜加上雞蛋放到白飯上，也能立刻掃光一碗飯；要是有煎餅粉，煎個韓式泡菜煎餅也很棒。

但沒開車的我，要從爸媽家拿著韓式泡菜搭乘大眾交通工具，需要比想像中更大的勇氣。即便包得再嚴實，味道還是會趁隙飄散而出。帶著韓式泡菜移動，用不了一分鐘，全身上下就會沾上韓式泡菜的氣味。要從爸媽家返回我的住處，必須坐上約四十分鐘的公車和約五十分鐘的地鐵，對同車乘客來說，我就是一包會行走的韓式泡菜。

在我三字頭的人生中，有一半以上的歲月我都沒有專屬於自己，能夠用來保存韓式泡菜的冰箱。然而，在我擁有了自己的冰箱後，卻因為理解了冰箱裡若是放了韓式泡菜會造成其他食材的毀滅，因而很少吃泡菜（不光是韓式泡菜聞起來像韓式泡菜，就連起司聞起來也都像是韓式泡菜）。

然而，我媽是傳統的韓國母親，見不到孩子的時候總是擔心起孩子有沒有好好吃飯，每次回家，一定會問我需不需要韓式泡菜。

「可以和你喜歡的泡麵一起吃啊！」

我望著媽媽反問道：

「為什麼吃泡麵要配韓式泡菜？」

就如同我多次強調的一樣，我吃泡麵不會配韓式泡菜。當然，如果有的話，是不排斥端上桌夾個幾口吃吃，但也不是非吃不可。在煮好的泡麵上配韓式泡菜一起吃，會導致鈉攝取過多。說得好懂一點，就是會太鹹，破壞泡麵原有的美味。大家都很擔心吃泡麵不夠健康，泡麵的外包裝也寫得很清楚，這種吃法恐增加鈉攝取量。

但是人的想法是會隨時間改變的。我和朋友黃孝珍與洪貞雅（韓國第一泡麵門外漢）久違地約在綠豆煎餅店碰面。那是間位於合井與望遠的店，地址在過了漢江的合井巷弄間。幾年前，孝珍在那裡辦過生日派對，與其說是西式的生日派對，倒不如說是韓式壽宴更為貼切。那天我還記得另一位朋友李智慧（影劇線記者、美食家）在部落格看到了某家店有賣裹上蛋液的古早味香腸。店家明明四點才開門，心急的我們四點前就去排隊了。

我們足足點了十道菜，店家還免費招待壽星馬鈴薯煎餅，雖然肚子飽到要爆炸了，但是少了泡麵就不算收尾，幾經三思後，我們於是又加點泡麵。不過，那份泡麵卻令我們大失所望。智慧和我做了會後檢討，想找出那份泡麵究竟是出了什麼問題。

「放了太多水。」

「而且煮太爛了。」

結論是，那家店的泡麵不好吃，我們說好以後去那裡只吃綠豆煎餅、橡子涼粉和裹上蛋液的古早味香腸。我當時也喝得很醉，覺得這些就夠了。

又過了些時日，我們二訪了綠豆煎餅店，喝完馬格利酒，吃了綠豆煎餅、橡子涼粉和裹上蛋液的古早味香腸後，孝珍堅持沒有泡麵不算結束，要求打破那天的約定。

「你忘了上次的教訓了嗎？這裡的泡麵不好吃。」

我跟孝珍咬耳朵，但她心意已決。她一定是忘記先前生日會上吃到的難吃泡麵了，我阻止不了她點泡麵。上泡麵速度比想像中快，快到令我起疑，該不會隨便煮兩下吧？我充滿偏見地看了看泡麵，為了證明我的記憶無誤，我氣勢凌人地說：

「看吧，湯很多。」

孝珍也因為看到湯很多而有點洩氣。雖說賣相不佳，但泡麵當前，總不能不吃。我無奈地搖了搖頭，夾起一筷，吃下。哦，第一口的滋味出奇地好吃！雖然看似過多的湯導致細長的麵條有點散開來，但麵熟得恰到好處。細麵不好煮，一個不小心煮太久，口感就會太爛，店家似乎算好了關火與上桌所需的時間。

煮泡麵要用黃鋁鍋，不是為了給人「泡麵就是要用鋁鍋煮」的印象（其實我並不認同這句話。真正的行家是絕對不會把問題歸咎於工具的。當然，最近有人以工欲善其事，必先利其器，予以反駁……可是，不論哪種鍋都能燒開水，燒水的時候只要維持熱度，後續要做的事都一樣。所以像砂鍋那種煮完後能保持恆溫，吃的時候能一直維持熱度的容器，並不適合裝盛泡麵。），而是為了避免關火後，鍋子的餘熱會將麵條煮得過熟，也是為了能直接端到客人桌前，省去更換裝盛容器的時間，這點毫無疑的是個正確選擇。出乎我意料的美味，我配著韓式泡菜又吃了一口。哦？原本醉意朦朧的雙眼湧上了力量。這個，也太好吃了吧？

孝珍也很驚訝。我沒有意識到自己滿臉通紅像個醉漢，興奮地說：

「哇，這太完美了，是無懈可擊的 Mariage。」

什麼是 Mariage？這個詞彙是我從講述葡萄酒的漫畫《神之雫》學到的。Mariage 是法語中「婚姻」的意思，用在餐飲上則是指「餐酒搭配」。這裡的「餐」不僅是簡單的下酒菜，同樣可以是一頓正餐。我認為喝酒不是也會配飯嘛，那飯不也是一種下酒菜？無知的我擅自放寬了這個詞彙的使用範圍，只要聊起飲品與食物的搭配、食物與食物的搭配，我都會用這個詞。

我擅自定義了這份泡麵與韓式泡菜是完美的餐酒搭配，也是有所本的。這裡是賣綠豆煎餅的店，由於韓式泡菜會左右韓式泡菜煎餅的味道，因此韓式泡菜必定好吃。在韓國，餐廳附贈的韓式泡菜很好吃是什麼意思？這意味著無論在餐廳品嘗哪道菜，只要配上韓式泡菜，都將成為珍饈美味。因為對韓國人來說，韓式泡菜不僅是小菜，有時韓式泡菜的地位甚至比主菜更高。

這份泡麵恪守了韓國人口味的傳統精神，是為了與韓式泡菜搭配而生的泡麵。那麼這家店到底用了哪一款泡麵呢？據傳，許多小吃店與餐廳的首選是「辛拉麵」，因為它受顧客歡迎，失敗率很低。但一來，因為我本人對「辣翻天」的辛辣感不感興趣，二來，過辣的辛拉麵和韓式泡菜味道不搭，所以，我敢打包票現在這份不怎麼辣的泡麵絕對不是辛拉麵。到底是哪款泡麵呢？

「你吃得出這是哪一款泡麵嗎？」孝珍問道。

我也同時在思考，但當時的我很緊張。原本就是不服輸的性格，但這並不是個簡單的測驗，而是在考驗我對於泡麵的愛。無論孝珍是否有意想藉由這個問題測試我，它都是我必須面對的。我認為僅吃上一口炸雞便講得出品牌與口味名稱就足以代表了真愛，而我對心愛的泡麵也是採用了相同標準。但是，即便不談如何衡量真愛的標準，我只是單純地想猜對這款泡麵的真實身分，而且我確信我能答對。

「安城湯麵。」我緩了緩後答道。

以大醬為基底的清淡湯頭、細麵條，從各方面看，它鐵定是安城湯麵。我充滿自信說完後，望向廚房。果不其然，是熟悉的橘色包裝袋。

「果然並非浪得虛名！」

朋友們報以熱烈鼓掌，我想起媽媽的忠告「你生性自視甚高，無時無刻都要記得盡量以謙虛為懷。」於是，我謙虛地低下了發紅的臉。那天的主角不是我，是安城湯麵、是它旁邊的韓式泡菜。煮得完美的安城湯麵與韓式泡菜的邂逅，就是韓國人講求快速的日常中能遇見的完美餐酒搭配。太感人了。倘若要頒獎，得獎人一定不是猜中「這份泡麵是安城湯麵」的我，而是「我們餐廳裡的韓式泡菜很好吃，要和安城湯麵一起送上給客人。」的綠豆煎餅店老闆。各位，讓我們一同享受人生的餐酒搭配吧。

貞雅坐在搖滾區第一排，笑得說不出話，還不忘用手機記錄下除了津津有味地享用安城湯麵以外的平凡時光。多虧如此，我此刻還能重溫自己當時的模樣——猜中安城湯麵；指著鋁鍋；熱情解釋安城湯麵爺爺的故事。但奇怪的是，畫面中的我與自己記憶中的模樣大相逕庭，看來並不怎麼謙虛，活脫脫就是個醉漢。

但至少在我記憶中那位虛懷若谷的自己，和從泡麵中汲取教訓，再三下定決心——以後切勿只憑過去的記憶來評價此刻，不要為了堅守自己的標準而忽略掉那些有可能更不一樣或是更好的選項的我。

步驟07

拌麵與其他未載明之狀況

開始煮拌麵的麵條前，切記有件事一定要做，那就是打開泡麵包裝袋後，得先把液狀醬料包放入冰箱。倘若你像平時一樣，把醬料包隨手扔在爐火旁，導致醬料包被加熱後，那你等一下吃到的就會是溫熱的拌麵，這肯定不會好吃。拌麵和冷泡麵的關鍵在於控溫，所以要提前檢查是否準備好冰塊，等麵條煮沸後，立即用冷水沖洗，並瀝乾水份。

在拌麵與冷泡麵中加入各種蔬菜或雞蛋做為配料，能增添美味，所以切記，在等水煮沸的過程請備好食材，準備好溫泉蛋或荷包蛋，以有效縮短料理時間。

我的城市，又辣又甜又酸

要是我住的地方是鄉下的話，會變得怎麼樣呢？這我有生以來第一次有這種感覺，除非有必要，我已經一個禮拜沒走出家門了吧？不，說不定是十天或更久。二〇二〇年八月，隨著大城市新冠確診人數遽增，維持社交距離措施的力道增強，還有下個不停的梅雨。購買生鮮蔬果，我多半選宅配到府；想做運動，就簡單地伸展一下。

即使是令人感到厭煩的雨季裡，偶遇放晴的日子，我還是因疫情被迫待在家裡，盡量避免不必要與非緊急的外出。我將沙發轉向窗戶，躺下，客廳窗外是巴掌大的藍天，那是家中唯一被允許擁有的戶外絕世美景。儘管都更熱潮席捲了整個社區，但前方的老建築物出於某種原因，依舊維持原有的樣貌。多虧它比我住的公寓還低，我才得以擁有那片藍天，要是前方的老屋和附近的建築物差不多高的話，那麼我在家裡能看見的天空，頂多只有兩指大而已。

首爾房價所費不貲，且地小人稠，假如我拿現在的傳貰金[1]去首都圈外找房，一定能找到比目前更大的房子，看見更廣闊的天空，但我喜愛首爾這座時時有新鮮事的大城市。雖說最近礙於新冠疫情，我無法和朋友見面，不能看電影、不能看音樂劇、不能沿著漢江放空大腦散步，以致生活在首爾的魅力驟降，比一個巴掌大的天空還無趣。我不斷地想著這種了無生趣的日子還要持續多久。每天按時付利息，償還靠貸款而來的大筆傳貰金，卻住在無法擁有與外面世界相連，且在沒有窗外風景的分離型套房[2]，終日只能伸懶腰。

這也是為什麼我開始在 Youtube 上尋找平常很少觀看的鄉村生活影片。有個頻道就記錄了某位三十多歲女性買下了農村廢屋，親手 DIY 修繕的生活。以前，我一看到「農村」、「住一個月」、「慢生活」等單詞，絕對會立刻按下「上一頁」。老實說，朋友傳來網址，問我看過了沒時，吸引我的不是鄉村、風景或慢生活等關鍵字，而是四千五百萬韓圓（約新台幣一百萬元）的字眼。

1. 韓國租房大致分為傳貰與月租。月租與台灣的租房差不多。傳貰則是繳付約房價的三至八成作為保證金，租房期間便無需繳房租。租約到期時，房東會全額退保證金。
2. 韓國的出租套房大多附有小廚房，分為分離型與開放型。分離型是寢室與廚房之間有門隔開，開放型則沒有。

我全然不知道這位三十多歲女性的來歷，但影片播放還不到一分鐘，我就對她充滿好感。理由是她很帥氣，旅程中偶然遇見某棟廢屋，爽快購屋的模樣真瀟灑……好吧，嚴格來說，上述不是真正的原因，真正的原因是她在勞動中途的休息時間裡吃起的刀削拌麵[3]。她摘下前院種的有機芝麻葉與辣椒，切碎，放在拌好的麵條上，那Vlog色調拍出的細膩畫面掠過眼前的瞬間，我立刻從麵條的形狀認出了那是刀削拌麵，也就是我私自舉辦的二〇二〇拌麵大戰裡奪冠的農心野心之作。

之所以稱為拌麵大戰，是因為競爭像真實戰爭一樣激烈。相較於一年四季銷量起伏不大的湯泡麵，拌麵展開夏季市場王位之爭是理所當然的。農心、不倒翁與三養向傳統霸主「八道拌麵」屢次遞出戰帖，從這一點也能看出有趣的競爭版圖。

我深知自己好勝心強，凡事都要贏，所以反而盡可能地遠離爭執或爭辯，但假如是拌麵大戰，我倒是樂於參戰。拌麵選手負責拼個你死我活，由我決定誰是最後贏家。

通常，我會過吃兩次再評價味道。第一次吃原味，只放包裝袋附的麵條與調味包；第二次再放蔬菜、雞蛋或雞胸肉等配料。大部分的拌麵份量充足，加點配料進去，味道也不會變淡，依舊很好吃。就這樣吃兩次後，我會仔細地比較箇中差異。

吃湯泡麵時，我則偏好什麼都不放，原汁原味。唯獨吃拌麵會加料的

3. 是韓國泡麵的一種，並非真正的刀削麵。

原因是，一人份的拌麵不夠我吃，不加料就吃不飽，若單吃拌麵不加料，過不了多久就會想吃零食了。一袋拌麵應該是0.7人份左右。可能是因為大部分的消費者皆有同感，所以八道出了增量20％重量的重量版拌麵。

那位女性把鄉下廢屋旁菜園親手種植的有機芝麻葉與辣椒切碎後，放入「年度冠軍」的刀削拌麵，見此情景，我突然異想天開。既然不管人是在鄉下或是在這裡都會吃刀削拌麵，那麼暫時待在這也不錯吧？雖然放入的不是自家菜園種的有機辣椒，改放超商買的蔬菜沙拉依舊會很好吃。話說回來，你不覺得我們此刻應該來煮個刀削拌麵嗎？

事不宜遲，Youtube繼續播它的，我則是立刻離座，冰箱還剩下一些高麗菜、雞蛋。雞蛋煮熟要等很久，所以最好的方法是做成溫泉蛋。溫泉蛋做法簡單，杯子裝滿一半的水，將蛋打入，微波加熱約一分半鐘。在準備溫泉蛋時，我用新買的菜刀把高麗菜切碎，保留脆口的口感。在做拌刀削麵時，我的思緒飄回到了最初的想法。

要是改住在鄉下的話會怎樣呢？這個問題，我捫心自問了無數次，也徵求過朋友的建議，不過，答案自己比誰都清楚。我無從選擇，像我這種容易感到無聊、厭煩的天生都市人，最適合住在一個隨時都在變，只要有心，天天都能體驗不同事物的城市。

隨著年齡的增長，感嘆大自然不變之美的時間越來越多，時間一久，適應了，搬到鄉下或靠海的地方就不會只是一個夢想，但目前為止，我還是喜歡這座複雜、忙碌與充滿意外性的城市。全世界的人正在經歷的這場意外傳染病總有一天會結束，在那之前，我想留在首爾。新舊交織的首爾對我還是充滿魅力的。有我不喜歡的東西，也有我喜歡的又辣又甜又酸的，屬於我的城市。我無從選擇，這裡就是我的屬地。

不過我倒是希望下次能搬進植物茂盛生長，能坐在陽光下的房子裡，若能看見超過一巴掌大的天空，坐看日升日落就更好了。假使有陽台，或許我能親手種芝麻葉、生菜或香草。在人們用數字論房價的現在，談著陽光、風與景色的我，感覺就像成了《小王子》（Le Petit Prince）裡說「我想要一座窗臺開滿天竺葵的紅磚屋」的孩子，但實際上，陽光、風與景色就等同於金錢數字，所以短期內我要在這裡更努力工作。在我擁有窗外風景之前，我會努力創造窗內的風景。

但我依然希望自己擁有充裕的時間，能前往家以外的地方休息。首爾雖好，但去一個繁星滿天的遠方度假也不錯。在那之前，得先照顧好健康，所以我試著把高麗菜與溫泉蛋放到了拌勻的刀削拌麵上。

冷泡麵與一人份的生活

「媽媽」是最不會煮泡麵的外行人。這句話不僅適用於我住在京畿道河南市的媽媽，也適用於全天下母親。我的意思是，每個媽媽都想讓孩子吃到好東西，既然都要煮，還不如煮健康的餐點，懷抱這種「天下慈母心」是煮不出好吃的泡麵的。想要兼顧健康和泡麵？那是人心不足蛇吞象，而貪心往往會把事情搞砸。以煮泡麵為例，那份貪心會讓泡麵的美味毀於一旦。

即使這麼說很抱歉，但問題本質始於「母親的心」。在我家，麵食的重要性並不亞於米飯，但我經常見到一些視吃泡麵為大忌的家庭，能夠不吃就不吃。畢竟泡麵從各面向來看，都很難被視為健康食品。我很能體諒媽媽們的心。

然而，正是這種心態，才很難煮出好吃的泡麵。媽媽們煮泡麵時，出於希望孩子能多攝取蛋白質的心，會放入雞蛋、切塊的蔥、洋蔥，還會順便清一下冰箱，把冷凍水餃也放進去，又擔心孩子攝取過多的鈉，只放入一半的調味包。這樣子煮出來的泡麵肯定不會好吃，嚴格來說，它並不是泡麵，只是用泡麵調味包的味道作為基底，利用麵條補充碳水化合物的來歷不明的料理。

當然，這並非表示我抗拒嘗試新式的泡麵調理法或創意食譜。在我看到網上瘋傳的冷泡麵食譜時，最先萌生的念頭是懷疑。到底為什麼要吃冷的泡麵呢？最重要的是，韓國明明就有「冷麵」這道料理，在冬天想吃冷麵的人不是早有了首選料理嗎？泡麵的美味關鍵是熱騰騰的湯頭，有必要再將它弄冷來吃嗎？懷疑歸懷疑；挑戰歸挑戰，從各種方面來看，解決問題的上上策便是正面迎戰。

因此我精心研究了冷泡麵的食譜，然後發現了一個大問題：它需要很多額外的調味料。我三十多歲之後就成為短租族，鮮少有自己的廚房。在擁有冰箱的「一格」已經是很勉強的情況下，還想擁有自己的廚具與做菜的調味料形同妄想。雖說親切的共享住宅房客願意與我共享廚具，我仍盡量避免使用。

醬油、香油、醋、糖、鹽巴等調味料也一樣。即使冷泡麵只需要買小黃瓜和番茄切好放入就行了，但我還是不敢嘗試要用到醬油、醋、糖與香油的食譜，甚至試都沒試，直接忘在九霄雲外了。

後來我開始獨居生活，擁有一個小到不知能否稱為廚房的廚房，總之，我擁有了屬於自己的水槽、碗櫃、瓦斯爐和冰箱。我最先購入的調味料是研磨鹽巴與胡椒組，因為我喜歡自己研磨胡椒時，那種明明什麼都沒做卻有種完美收尾的感覺。後來，每次去菜市場，我就會思考自己想吃哪道料理，買需要的調味料。想炒菜就買蠔油；想做嫩豆腐湯就把醃蝦醬和辣椒粉放入購物車。紫蘇油、芝麻粒、香油與糖等，各式各樣的料理必需品逐漸地填滿櫥櫃。

我還擁有朋友送的蜂蜜和魚露，也多了放在冰箱裡的番茄醬、美乃滋、芥末醬、沙拉醬、大醬和包飯醬。

以前，我總擔心自己用不完所有的調味料與醬汁，而讓它們放到過期，因此，絕對不會做需要用到調味料的菜。但我現在明白了，這是養活自己的基本生活態度。無論有多愛泡麵，我都明白不能只吃泡麵、速食、外送或外食。隨便吃和認真吃是無法相提並論的。

總之，在我擁有「一人份」生活之前，我是不可能煮冷泡麵的；在我尚未有著屬於自己的香油、醬油、糖和醋之前，冷泡麵是道遙不可及的食譜。

要做冷泡麵，最好選細麵條的泡麵，但我偶爾會用和浣熊拉麵一樣的粗麵條。不過，用粗泡麵的時候，不知道為什麼，冷水會讓辣度倍增，所以麵條一定要煮熟，而且比起選用辣味泡麵，我更建議選用原味泡麵。

但凡食材備齊，就能輕鬆上菜。利用煮麵條的時間製作醬料。往小碗裡倒入調味包，再加一點熱水攪散，水量夠融化粉末就行了，之後加入調味料，比例是醬油0.5、醋1.5、糖1、香油1。假如覺得泡麵太鹹，可以省略醬油或拿大豆調味料取代。若是想吃點酸的盛夏，可以把醋的比例調高到2。

要是醬汁做完還有時間，就切切小番茄和小黃瓜等配料。因為麵條用冷水重新沖過會再次產生彈性，所以要充分煮熟再用冷水沖，沖完以後把瀝乾水份的麵條放在泡麵碗或沙拉碗裡，醬料沿麵條淋上一圈，再倒入適量的礦泉水，用筷子攪拌均勻後放入三、四顆冰塊，最後將準備好的黃瓜或小番茄等配料放入，大功告成。

某一天，我搬入的新家太熱，意外發現櫃裡有能製作冷泡麵的所有醬料。那是我第一次做出像樣的冷泡麵。又鹹、又辣、又酸、又甜，非常美味。最重要的是，無比清爽，搭配蔬菜一起吃下讓我感到十分滿足。後來，我索性把洋蔥、小番茄、黃瓜、鷹嘴豆分成小份，做了整個夏天的沙拉和冷泡麵配料。

雖然這很難說是健康料理，但心情卻非常好。現在我的櫃子裡有我自己的醬料，有我自創的冷泡麵食譜。我試著變得健康，或者說起碼「變得健康」和「泡麵」的嘗試組合還是不錯的。儘管我仍舉雙手雙腳反對媽媽的「雜」湯泡麵，但這時候，我才稍微能了解媽媽的心。

步驟 08

先放麵塊還是先放調味包

水開了，終於到了要放麵塊與放調味包的時間。但先放麵塊還是先放調味包，這個問題的難度直逼先有雞還是先有蛋。我分析過家裡現有的泡麵，結果顯示，農心的建議煮法順序是「麵塊、調味包和配料包」；不倒翁的建議煮法則是把配料包和水一起煮開後，「先放調味包，再放麵塊」。兩家公司泡麵的建議順序不同，看起來沒有明顯差異，歸根究柢，還是看個人喜好。

在韓國，除了企業家暨料理專家白種元之外，似乎沒有對麵感興趣的權威人士，所以我搜尋、參考了白種元的食譜。我發現大部分混合多種配料的料理，如蘿蔔、蔥、雞蛋、香油等，都是先放調味包。其原理是，先放調味包，沸點就會升高，麵會熟得更快。換言之，先放調味包的泡麵本身較有彈性。

因為我不是專家，所以沒人問過我的觀點。我認為水量與煮沸的時間將左右泡麵的味道，因此，麵條或調味包放入順序，或是在煮沸時反覆夾起與浸入麵條的技術，對增添美味的效果不大。唯一關鍵是，在煮到一定程度時，抓準關火時機。

還有另一件事，那就是幾乎所有的泡麵包裝袋背後的建議煮法都寫有警告：「為控制鈉（鹽）攝取量，調味包請根據個人飲食喜好酌量添加。」對此，我不變的立場是，泡麵美味程度取決於調味包加入的量的多寡，若想避免攝取過多的鈉，那就在不吃泡麵的時候控制就好了。按我的標準，被抑制調味包量的泡麵，就跟生吃泡麵塊[1]沒兩樣。

1. 韓國人有時會生吃泡麵塊，視個人喜好，沾調味包或沾糖，就像台灣的科學麵一樣。

生泡麵塊，完美的另一個名字是後悔

凌晨一點半，我沒來由地覺得我該認真生活了。這是我有生以來第一次在深夜浮現了這樣的念頭，感覺很奇特，難不成我此前都活得很不認真？我的工作時間是普通人的下班時間，因此我的凌晨一點到兩點，差不多是多數上班族的下午三點左右。沒錯，就是那個時間點——會莫名其妙懷疑自己工作的目的，或距離下班剩三小時卻像天荒地老，也或是單純餓了。對於一天兩餐的我來說，想吃最後一餐的信號會在凌晨一點到兩點之間準時地送達，那時，我會有一種感覺——要是不吃點東西，剩下的工作等著開天窗。

就理論而言，平穩度過那個時間非常重要，我的理性告訴我一定要平穩度過那一刻，才能避免尚未消化完就上床睡覺；遠離作為熬夜工作十年的夜貓族作家身上好發的毛病，如胃食道逆流、喉炎、胃炎的復發；並能保障工作後的隔天早晨，我還能像個「人」一樣清爽地起床，而不是在床上痛苦掙扎。但知道歸知道，每天到那個時間，我都會體悟到，我的身體需求和我的大腦認知完全是兩碼子事。

在某個奇怪的凌晨，我想把精力專注在生活，決定滿足身體需求，而非大腦需求，避免自己思考太久，錯過該做的事。倘若睡醒以後就是明天，那明天的工作留給明天再想吧。在這一刻，我的身體想要的是什麼？當然是泡麵。但即使深愛泡麵如我，凌晨吃泡麵，對腸胃負擔還是太大。每當這種時候，我就會望著氣炸鍋，陷入暫時的煩惱，思索氣炸鍋能變出什麼料理。

氣炸鍋是一種神奇的機器，我初次接觸到它，大約是在網路廣傳「這個新式文明產物什麼都能做，超方便！」的時候。我的朋友李智慧坐擁寬廣廚房與各式的廚房家電，她很早就買了一台氣炸鍋，但因氣炸鍋害她吃下了過多冷凍食品，而讓她想處理掉，於是賣給想在家裡烤地瓜的我。智慧拿出一個大購物袋，取出了一個和小型醬缸差不多大，外觀差強人意的機器。我們一塊吃晚餐、喝葡萄酒。那晚，我憑藉著酒勁，抱著比醬缸輕盈的氣炸鍋回家。當時我還不知道這個機器將如何地影響到我的生活。

氣炸鍋用途廣泛。正因它什麼都能做，與其思考它能做出哪些料理，找到它做不出的料理會更快。它能把所有冷凍食物變成完美料理；能燒烤蔬菜、起司和肉類；能加熱冷掉的雞肉和煎餅，使其恢復酥脆；能把地瓜、馬鈴薯等碳水化合物的魅力發揮得淋漓盡致；還能把吃剩的餅乾變成剛出廠的最佳美味狀態。

到底這台機器有什麼是辦不到的？我用氣炸鍋炸遍冰箱所有的食材，總的來說，氣炸鍋改變了我的飲食習慣。我買食材時會先確認能不能燒烤。我參考過各種網路食譜，烤出各式各樣的點心，但凡看到冷掉的食物就會放進去，夢想將其死而復生。令我驚訝的是，大多數食物都在二十分鐘內重生。老天啊，它活脫脫是個救世主。然而，它卻有一件力有未逮之事，就是煮泡麵。

要承認這台幾近無所不能的機器，與我心愛的泡麵並非天生絕配的事實，並不容易。但如果換成生泡麵塊呢？事情則另當別論。在我接觸到氣炸鍋之前，每當我想生吃泡麵塊，我會用微波爐微波一到兩分鐘，讓麵塊變得像餅乾一樣酥脆。

但問題是微波會讓某些地方焦掉，微波爐無法均勻加熱麵塊內含的油份。這個結論具高可信度，因為這是我起碼用四個微波爐實驗後得出的結果。但換成氣炸鍋呢？氣炸鍋擁有讓含有油脂的食物死而復生的特殊能力，它加熱的方式不像微波爐那樣簡單粗暴，一味求快，且加熱均勻，所以按理說，把它拿來加熱生泡麵塊應該會很完美。

在沉迷於製作出各種最佳燒烤料理的某個冬天，我打算尋找終極生泡麵塊食譜。起先溫度調得太高，幾次挑戰後，我找出氣炸 Jin 拉麵麵塊的最佳溫度是一百六十度，時間為十到十二分鐘之間。下一個待解的問題不在氣炸鍋，而是是調味包的量。縱使我受不了煮泡麵時得考慮鈉攝取量而少放調味包的態度，但做生泡麵塊料理時，依舊得適當地調整調味包的多寡。因為假使不假思索，一股腦全下的話，就會變成生吃泡麵調味包塊，而不是吃泡麵塊。

經過多次失敗，我研究出放三分之一的調味包，不會過鹹也不會過酸，就算嫌麻煩也絕對不要胡亂全撒下去，最好把麵塊和調味包放在碗裡，輕輕搖晃，使調味粉均勻沾上麵塊，這份量恰到好處，能讓麵塊的每個部分都沾上調味粉，又不會有剩。如想要感受甜鹹味，加點糖也是另一種方法。不過，我個人和往常一樣，喜歡用泡麵內附的食材製作，不會另外放糖。

我抱著氣炸鍋回家的那一天，渾然不知未來會發生什麼事。大多時候，我能靠成年人的理性成功平息對生吃泡麵塊的慾望，但偶有失敗的時候，例如：寫著看不見盡頭的文章時，一心多用做其他事卻意識到自己的工作變得一團亂，一整天下來忙得不可開交，沒能好好休息時……我明知所謂的過好生活是盡可能把時間花在與心愛的人相處，用五感感受天氣與季節的變化，我卻是為工作四處奔波。當我意識到這一點，我覺得自己實在是太傻了……這些時候，我總想善待自己，讓自己品嚐一些完美的食物，例如生泡麵塊。明知會後悔，但我心甘情願作出這個選擇，因為我有享用生泡麵塊的資格。

我假裝沒發現時間早過了凌晨一點，也沒想到念著「一百六十度，十分鐘」的咒語，把生泡麵塊捏碎的日子，會比預想的更常到來。假使明明睡得很飽，隔天仍舊睜不開眼的話，到那時再後悔吧。今天的我又啟動了氣炸鍋。

步驟 09

與時間賽跑

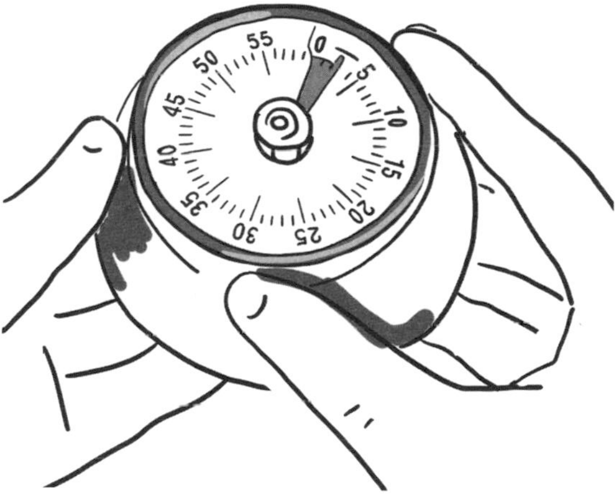

泡麵正在沸騰，該是時候翻越第二座高山，想成就美味的泡麵，那就得精算麵在滾水裡煮的時間。我配戴蘋果手錶三年，常會用它來計時，蘋果公司大概想不到旗下產品的主要功能是用來煮泡麵，但我就是這麼用的。開啟蘋果手錶的計時器，放入麵塊和調味包後立刻計時三分鐘。三分鐘到的信號響起，我不會馬上熄火，而是先觀察麵條的狀態，試吃一條，麵條稍微沒熟是正常的，再過幾秒等它熟，屆時關火就完美了。

在閑情逸致的日子，我有另一種煮泡麵計時法，那就是放一首長度約三分到三分半的歌曲。朋友們都嘲笑我是MelOn[1]熱門金曲排行榜TOP100的迷妹。要是看到我現在的播放列表的話，會吃驚地發現魔力紅的《Memories》不多不少剛剛好，三分十秒。要留意的是，不要設定到重複播放或自動播放下一首歌曲，只要意識到一曲終了，才能準時熄火。

放不放雞蛋是特例。我不愛雞蛋，因為加蛋會讓湯頭走味，一般來說，我只有在自覺蛋白質攝取不足時才會放雞蛋。然而，人生必然會遇到需要放雞蛋的泡麵，屆時我會預留一分三十秒，順勢打入雞蛋，等待時絕對不會攪拌。這一分三十秒是漢江超商的泡麵機[2]教會我的，在此之前，我都是憑感覺，只要放得不太晚，吃起來差異不大。麵條的熟度更重要。雞蛋只是從旁輔助[3]。

1. MelOn 為韓國最大的音樂串流平台之一。
2. 首爾漢江公園的超商多備有煮泡麵機，以供民眾邊賞景邊享用泡麵。
3. 作者在此引用漫畫《灌籃高手》的三井壽台詞「左手只是輔助」。

像是在潛水的雞蛋

有件事我覺得很神奇，那就是只要在任何故事加上了「那是個夏天」，就都會變成青春扉頁。當我聽見「那年夏天」時，眼前會浮現如吉卜力電影，或以一九九〇年代加州為背景的美國獨立電影，異國風景盡收眼底，或韓國雙人團體DEUX的〈In Summer〉音樂錄音帶裡，白藍交織的虛擬夏日景色。想像中的夏天怎會那麼地翠綠又蔚藍？一到夜晚，邊吃玉米或西瓜，邊聞著撲鼻而來的蚊香燃燒香氣，宛如迎著夏夜微風，沉沉睡去。

但現實中，我不過是隻悲情城市裡的無殼蝸牛，忘了把電蚊香插上插座，在與蚊子的戰爭中徹底敗北，只能度過搔癢難耐又失眠的夜晚。我寄居於他人籬下，正努力把天花板下運轉的空調調至適合溫度。韓國的夏天，不論是那年夏天或今年夏天，都意味著人們將迎來不適指數高達九十的數個月，或居高不下的濕度，若非如此，那就是像〈In Summer〉的歌詞所描述的「天空向我們敞開胸懷」，將迎來第二十年傾盆大雨的季節。

二〇一七年也不例外。那年夏天，一如既往地炎熱，我度過了全身濕黏，就連打開水龍頭流出的水也是熱的日子。雖說我參與的首部電視劇在那個夏天上映，我卻對自己的工作產生本質上的懷疑。

「作家算一種職業嗎？」

我之所以這麼問，並認為非作家是個難以定義的職業。韓國為方便稅收，替各職種進行編號，而擁有專屬編號的「作家」絕對是一種職業。但是每當沒有案子上門，或是案子不如預期順利，嘗試寫了新領域的文章卻沒有進展，或案主沒有反應時，我會覺得僅靠寫作很容易會餓死。每當這種時候，我就會說：

「靠寫作真的能謀生嗎？」

那年夏天，我便靠著這句話活下去。

在那段日子，我人在將客廳空調開到最強也吹不出涼風的小房間裡，思索轉換跑道的可能，炎夏助長了那個念頭。過去的人生發生過大大小小，令我身心疲憊的事，但只要都推到炎熱的天氣頭上，我就能輕易地忽視那些種種。當時，即使是一通電話或一個訊息，就能動搖我的立足之地。但縱使會被動搖，我也寧願選擇用奔跑尋求屬於我動搖的節拍，險中求生。那年夏天就是如此。

我忘記是自己先提議去游泳，還是友人黃孝珍先提的。當時，我們倆走十分鐘就能抵達彼此的住處。她家雖離漢江更近，但走到望遠漢江公園也要個十分鐘。光想像在烈日下走二十分鐘去游泳池就夠累了，不過，我還是決定去公園看看。那天明明不是沒事做卻特別有閑情逸致。遇到這種日子，和一位也認同「最好的生活方式就是享受當下」的朋友住得近是一種福氣。

但在我們約好去游泳池的那天早上，鬧鐘是響了，但我卻睜不開眼，賴在床上，身體感覺比以往重上三倍。我確定那不是我的問題，是天氣的問題。我強迫自己睜開眼睛，身體發出的信號果然沒錯，外頭正在下雨。

從此刻開始，就是比誰更了解對方的戰爭。大家應該都有過這種時刻吧？明明約好了卻死都不想踏出家門的日子，不論是因為壞天氣或其他等等因素。假如我只是和自己約定好要去游泳池，那我肯定會以最快的速度與最乾脆的態度背叛自己，但中間多了另一個人，情況就複雜了。倘若是工作上的會議，再怎麼不想去我也會逼自己出門。自食惡果這句話到底誰想出來的？有時某些成語或諺語形容的貼切程度，讓我噴笑之餘也嘖嘖稱奇。只要踏出了家門，再怎麼拖拖拉拉的，終究會到達約定的地點。但若是與朋友相約，就有了商議空間。哪有人喜歡雨天出門？只需有一方取消約定，就不用撐起著笨重的雨傘，冒著弄溼腳的風險，踏入外面的世界。而且，說不定相約見面的對方也在想同一件事。

但問題的癥結點就在於，對方此時此刻的意圖僅是我個人的想像，所以我才說這變成了一場「比誰更了解對方」的戰爭。對方真的也像我一樣覺得麻煩嗎？像我一樣討厭雨天外出嗎？無論如何，總要有一方鼓起勇氣說，按原定計畫碰面吧，或是今天的約會就先取消吧。而當時，我錯失了先機。雖然我不清楚孝珍想游泳的意志為什麼那麼頑強，當我還在「棉被海」而非游泳池時，她率先發來了訊息：

「——雨天游泳一定很棒！」

「是啊，那還用說。」

「——我們中午在游泳池吃泡麵吧。」

「好哇，再好不過了。」

儘管位於望遠地區的漢江露天游泳場是弘大商圈[1]的熱門地點。但

1. 指以弘大為中心，包括上水洞、延南洞、合井洞與望遠洞的地區。

鮮少有人會在雨天一早去游泳。我們在售票處買了五千韓圓（約新台幣一百二十元）的成人票後，走入游泳池。那年夏天的第一次，儘管我每天都想著要去，但五千韓圓實在有點貴。偌大的游泳池，只有我們和跟在我們身後入場的一票高中男生。

「只有高中男生才會在下大雨還跑來游泳池。」

「那又怎樣？我們不是也來了嘛。」

我個性好強，早已打定主意大玩特玩，忘記不過幾十分鐘前，自己還在床上嫌出門麻煩。每當我露出那種表情時，孝珍都會說「你想跟誰比啊？」在通常情況下，比較的對象並不明確，但此時此刻卻顯而易見。我的目標是要比那群高中男生玩得更瘋，盡情享受游泳池的每一個角落。而我們真的做到了。

「其實這是移地訓練吧。」

在釜山影島波濤洶湧的大海中學會游泳的孝珍，她負責的任務是潛泳。不愧是與浪濤搏鬥過的人，四肢力大無窮。當天孝珍的目標是潛得更深、更久。她潛到游泳池底部，與池底平行，不停前行。反觀我，游著變形成狗爬式的蛙式，怎麼游也不見進步。很快地，我便失去游泳的興致，當起了觀眾。

我將頭潛到水底，看著她練習潛泳的模樣。她「噗通」一聲，把頭神準地扎入水中，身體一貼近池底就開始往前游。看到忘了換氣的我「嘩」地把頭浮出水面換氣，平靜無波的水面唯獨我浮上盪出的一片輕波，過了大半晌，孝珍才上氣不接下氣地隨著盪漾的水漪，躍出了水面。

就這樣享受好一陣子的游泳，第二次休息，正逢影子最短的時刻，我們義無反顧奔向販賣部。泡麵時間到，我選擇的是芝麻泡麵。換成以前，我可能會選碗裝泡麵，但所有的漢江戶外游泳池，都備有煮袋裝泡麵的「自助泡麵機」。既然有袋裝泡麵的選項，且能嘗試新的料理工具，我當然選袋裝泡麵。孝珍對此不以為然，問說：「那雞蛋呢？」

關鍵是雞蛋。換作平時，雞蛋不是必備選項（據我所知，芝麻泡麵是唯一有內附雞蛋塊的泡麵）。可是這裡是游泳池，一直進行高強度訓練的話，就需要補充蛋白質。雞蛋便成了必備選項！我們多付了五百韓圓（約新台幣十元），加購了生雞蛋，把食材拿到泡麵機旁，將泡麵和調味包倒入容器，設好時間，機器就會自動煮好泡麵。最好忽略「放入雞蛋後攪拌均勻」的指示。因為雞蛋一打散就會變成雞蛋粥。雞蛋應該和泡麵一起煮，而過程中，盡可能保持其完整形狀。

就像潛泳一樣，我看著發出「噗嚕噗嚕」聲音的泡麵，必須在不打散，不破壞湯頭原味的狀態下，讓雞蛋在熱湯深處緩慢地熟透。這就是我的泡麵雞蛋哲學。孝珍有打散雞蛋嗎？我不記得了。因為在那一刻，全世界只剩下我和泡麵，也許孝珍也是如此。我們用各自的方式煮著泡麵，無論游泳池外的人生有多令人畏懼或艱難，至少在那幾分鐘裡，我們與泡麵之間沒有任何問題。

我們把泡麵放在遮陽傘下的桌子，正對游泳池坐下。我前面有說過影子很短嗎？是的。雨停了。夏日陽光垂直灑落頭頂，熟透的泡麵散發著誘惑路人走入販賣部的撲鼻香。我望著我們離開的水面在陽光下搖曳波光，吃下有雞蛋潛泳的泡麵。突然有了要是可以的話，希望今天這種日子能延續下去的想法。

不久前，我戴著口罩，沿著漢江散步，那時看見幾乎成了廢墟的游泳池，想著無須戴口罩的必要，人們能在同一個場域游泳的夏天彷彿不曾存在過。從工地與雜草縫隙，我望著乾涸的游泳池。宛如碗裝泡麵容器形狀的空泳池被裝滿水的景象，疊於那日的淒涼風景上。一想起曾漂浮其上的我們，就彷彿有什麼東西「噗通」一聲潛入我心深處的海洋。若將其命名為回憶，它似乎就不會再回來了，是以我屏息，將此段回憶收起。它深潛、前進，並靜候某天「嘩！」地浮於腦海。

二〇一七年夏天的我們，對於會有如此般的未來還渾然未覺。對當時的我們來說，剩下的是午後游泳時光。我們耗盡雞蛋所供應的蛋白質贈禮，在長時間潛泳，沐浴於陽光的午後。過了那個午後，身體留下宛如燙傷的泳裝痕跡，臉上也留下泳帽與泳鏡的曬痕，我們互相拍下彼此紅通通的臉，爆出笑聲。被曬到疼的後背，只能趴睡的我們，說好下次再來游泳時，改換吃別款泡麵。當時以為隨時都能前往的我們，推遲了那個約定。

那個再也不會到來的夏天。

步驟 10

熄火前的最後叮嚀

餐桌早已擺設完成，沒有待洗的碗。至於其他瑣事，倘若不是在煮麵過程中的必做之事，現在就只要靜靜看著麵條煮熟，自然會知道接下來要做些什麼。要是覺得水不夠，別慌，把事先煮好的水倒一些進鍋中。待麵條煮熟時先試吃個一口。

如此一來，會本能地察覺「現在只要熄火就大功告成了」的訊號。經由反覆練習，總有一日你將會成為能確切感知到這一刻的自己。

雖說除特定情況外，學會這項技術沒什麼太大用處，這與在公車站等車時預知公車前門會停在哪個位置，正確地站定等車門打開的技術類似，能讓人獲得微不足道的好處與自豪感。常煮就會多想，多想就會熟能生巧。就此意義而言，煮泡麵沒有王道，遵循基本原則，思考、不斷地煮，僅此而已。

工作的基本，泡麵的基本

四名三十多歲的未婚女子的聚會話題會是些什麼？以我的朋友為例，只要時間湊得上，大家週日下午就會約在一塊，開場主題絕對是工作，很少不先聊工作的。假使不聊工作，主要就聊健康、運動、政治、宗教、社會、居住環境、財務等，外加每個人的姪子姪女。

問我們什麼時候聊愛情嗎？這些朋友認識最久的有十五年，最少的也有八九年，我們每年都會一起開生日派對，應該有聊過吧，只不過年代久遠，記憶也稀薄了。我很高興我們每刻的對話都能通過「貝克德爾測驗」（Bechdel test）[1]。

1. 一九八五年由漫畫家艾莉森．貝克德爾設計出的電影性平等測試。是提升大眾對電影作品性別意識的測驗，展現女性在主流電影中受到歧視的現象。

今天朋友們也不例外地大聊工作。我只有在社會新鮮人時期當過一陣子社畜，其他時期從不隸屬於任何企業組織，所以我總是對企業組織文化很感興趣。某位朋友在當菜鳥新鮮人的那段時期，曾因 Excel 文件中少了邊框而受到指責，現在她早就成長為擁有專業技術的自由工作者，只需工作半個月就能輕鬆超越過去的薪水。打從一開始就很優秀的人是沒有成長空間的，隨著人的成長，故事才能變得有趣。

當我意識到今天的對話也要以工作結尾時，我無聲無息地離座，儘管已經吃了開胃菜、主菜與兩輪飯後甜點，但每當聊天時間變長，食物變少時，就是該我出馬的時刻了。因為要煮泡麵。與泡麵再次相遇[2]。

由於是第三輪飯後甜點，又只有四個人，只需煮兩包泡麵。要想煮兩人份以上的泡麵是相當具有難度的，比大多數人想得更為困難。或許有人會認為，泡麵兩包，那水放兩倍不就好了嗎？然而，知易行難。

問題的關鍵在於是只有兩張嘴，還是有兩張以上的嘴會吃。我清楚知道，我們四人中有一個人平時不吃泡麵，只吃聚會上我煮的泡麵。正因為不常吃，更需要端出上等美味奉客。另一個人則是平時會吃，但煮泡麵的手法馬虎到被我罵到臭頭，今天我有傳授新技術給她的義務。然而，問題最大的是剩下的那一人——自有一套泡麵哲學的人，無論何時，都是最難闖過的關卡。

讓所有人都滿意的泡麵是什麼樣的存在呢？只有一種。超越不同的意

2. 作者以韓國電影片名《雨妳再次相遇》做哏，該電影改編自日本電影《現在，很想見你》。

見、不同的哲學、不同的口味、不同的喜好的終極泡麵。我知道你正懷疑是否有這樣的答案，也認為這是不可能的，但事實並非如此。這就與愛迪達的品牌精神「沒有不可能」（Impossible is Nothing），與梅西（Messi）出神入化的球技存在於這個世界，是一樣的道理。西班牙足球好手・哈維（Xavi）曾說：「你可以不喜歡梅西，但要是你討厭梅西，你絕不可能熱愛足球。那是不可能的。」不可能只會出現在這樣的句子裡。如果想跟我熱愛的梅西一樣超越不可能，凌駕所有標準之上，首先，得煮出讓吃的人會說「好吃」的泡麵。

無論如何，難關當前，捨我其誰，朋友們繼續聊工作，千禧世代的工作模式；在工作之外的生活找到穩定後，工作態度自然出現變化的後輩；合作與時間管理的難關……等。各種故事如背景音樂般流淌，我在這樣的背景音樂中，面對著陌生的廚房與鍋具。

考慮到平衡口味，我把麵條煮得比平常吃的更熟一點，但不是完全地爛熟。我站在鍋前，勤勞的朋友邊聊邊走到我附近，事先擺好盤子與湯匙。我把泡麵鍋放到餐桌正中央，有人先盛湯，有人先夾麵條到盤裡。這是最緊張的時刻。

「好神奇，伊娜煮的泡麵湯都會有肉味。」

我很滿意朋友們筷子動得飛快的反應，她們無縫地把今天的主題與泡麵串在一起，開始談論起來。

這就和工作沒什麼兩樣，說到底就是「基本功」，必須先打好基本功。煮泡麵的過程中，邊煮邊反省。這次反省水放太少，或來不及關火，有沒有觀仔細檢查麵條的狀態等等。

吃完泡麵的朋友放下筷子，見到麵條和湯全都見底，我才放寬心。會緊張其實是件好事，因為人就只有在想做好某件事時才會緊張。在朋友渾然未覺的狀況下，對於自己面對泡麵仍然會緊張，我心底暗暗感到些許的滿足。

要是可以，我希望煮兩人份泡麵這檔事偶爾發生就好。每個人都喜歡能展現最佳狀態的情況。我的大絕招是替自己煮的一人份泡麵。

步驟 11

開始享用

好了，終於到了吃泡麵的時候。替自己煮的一人份泡麵完成了。最合自己口味的泡麵。過去填飽我的肚子，今後也會繼續餵飽我的泡麵。

媽媽的糖餅，女兒的泡麵

有多少人知道Yeast的味道？在問之前，我有必要先解釋一下什麼是Yeast。Yeast是做麵包會用的原料，它與潮溼的麵粉混合後會發酵膨脹。在我搜尋之前，我只知道Yeast是「和酵母差不多」的東西，然而Yeast不是和酵母差不多，Yeast就是酵母的英文。在對酵母的冗長說明中，吸引我注意的是「酒精發酵」。從聞起來像酒精卻不是酒精的「酒精」裡，我聞到了刺鼻的輕微酸餿味。

我會知道酵母的味道是因為我媽賣過糖餅。很難具體說出我媽賣糖餅的時期，因為在小吃店倒閉之前，媽媽有段時間同時經營小吃店與糖餅攤。有陣子在固定地點賣糖餅，有陣子以可以移動卻不動的車攤在定點街頭賣。

重要的是，在我媽五花八門又高難度，以麵食為主的開店生涯中，糖餅占了最大比例，時間也是最長的。因此，我從國中到成年，家裡老是放著糖餅麵團，尤其是冬天，裝滿酵母的糖餅麵團會被放在有蓋的大盆子裡，它們就像家中的一份子，佔據寢室的某個角落。為什麼偏偏是寢室？這是因為大家都懂的常識——酵母要放在溫暖的環境才能達到理想發酵狀態。

因此在那個家家戶戶普遍都有鍋爐地暖的年代，霸佔我家最溫暖之處的是糖餅麵團而不是人。當需要加快發酵速度時，冬天的毯子會被蓋在糖餅麵團上。想當年，糖餅麵團可是比我還早蓋上最新款超細纖維棉被，度過暖冬，可見糖餅在我家的地位吧？況且我還是家中的小女兒。

無論在什麼地方，永遠是糖餅麵團先蓋棉被，才輪到我，所以棉被老是散發著糖餅麵團的氣味，又酸又刺鼻，那股還沒有遇到火的生麵團才會有的酵母味。儘管蓋上那樣的棉被沒做過美夢，但至少我能知道糖餅麵團度過多少個溫暖的下午。

多虧了糖餅麵團，我不僅記住了酵母味，還學會短時間發酵的方法。每年一到糖餅的旺季，媽媽每天都會做兩盆麵團。她偶爾會在那段日子打給在外面的我。

「女兒！你回家看看麵團有沒有發酵到滿出來。」

我每次回家都發現散發出酵母味的麵團驚險地溢出蓋子，但沒有滿到地上的景象。身為見怪不怪的糖餅攤女兒，我會從廚房裡拿出一把矽膠抹刀，把麵團刮乾淨，重新放回盆裡，如此一來氣體就會從發酵的麵團逸散出（剛才查了一下，我才知道那股氣體是二氧化碳。），失去氣體的麵團又會乖乖地回到盆裡。這時，最讓我驚訝的是，發酵好的糖餅麵團不會黏在盆子上或抹刀上。圓乎乎又有些膨脹的糖餅麵團不會像炸物麵團一樣溼漉漉，當它們回到原位時，賣光了上一盆的糖餅麵團的媽媽會剛好回來拿麵團，或要爸爸拿過去。媽媽會拿起一小塊不黏手的糖餅麵團，抹上油油亮亮的食用油，把它搓成圓形，再放到熱好油的鐵板上，適當地烤熟，再翻面，用糖餅模版按壓成大家都熟悉的糖餅形狀。動作行雲流水，駕輕就熟。

有很長一段時間，我家都散發著酵母味。麵團與媽媽熟練的動作養活了我們家。我媽和她女兒不一樣，沈默寡言且謙卑。長久以來始終做著糖餅，但就在某一天她決定收攤，再也不做了，靜悄悄地結束了辛勞歲月。屋裡的酵母味就此消失。如果我說想念那股味道，那絕對是謊言，不過每到冬天，我偶會想起那味道。

無論是我媽賣糖餅的時期，或是功成身退之後，我都很少買糖餅。這是因為吃糖餅不必付錢的想法在我腦海中根深蒂固。我從沒付錢買過糖餅，所以就算是要我付一千韓圓（約新台幣二十三元），我也覺得是多花的錢。然而，這不代表我認為媽媽的愛與勞動是無償的，希望大家不要誤解。我還記得我媽最初賣糖餅的時候是三個一千韓圓，某天我在首爾看到糖餅攤，一個就要價一千韓圓，現在不知道是多少了？最近很少在街頭看到小吃攤，因此無從得知一個糖餅的平均價格。不過我最近在大型超市的架上看到一個燒餅三千韓圓的標價。不論想吃鯽魚燒、核桃餅、糖餅，都要做好掏出三千韓圓的心理準備。

我另一個不花錢買糖餅的原因是，我太熟悉製作糖餅的步驟。事實上，糖餅用了比大家想像中更多的麵粉與糖，攪拌之後，用酵母發酵，放到熱騰騰的鐵板上，鐵板上的人造奶油（發音很像酒精，margarine）也比想像中多，用近似油炸的方式去烤。內餡主要是用黑糖與搗碎的花生。將內餡放入麵團時，為預防黏在一起，又會摻入麵粉。

正因我十分熟悉製作步驟，所以不會買來吃。我前面才說不買是因為我覺得它在我心中是免費的食物，但相較於它投入的勞動力，花一千圓吃也很合理。這種情感相當矛盾，我也無可奈何。正因為自己不想在街頭買小吃吃的時候，內心還要經歷這麼複雜的情緒，所以才不買。

我在外面看到泡麵的心情，就好比是看到糖餅。泡麵是一種簡單的食物，但小吃店賣的泡麵並非如此，需要投入更多的技術與食材。身為生意人，他們不能收三千五百韓圓（約台新幣八十一元）隨便送上價值七百五十韓圓（約新台幣十七元）的泡麵，因此無論是打蛋方式，還是加在泡麵中的配料，每家店都各自耗費心血與練就出獨家秘方，有時還會添加醬料或胡椒等調味料。小吃店煮的泡麵，與其說是單純的「煮」，用「料理」兩個字更來得貼切，要是海鮮泡麵或起司泡麵，等級就又更高了。

換言之，為了把七百五十韓圓的原物料搖身變成具有三千五百韓圓價值的餐點，還非得讓別人大費周章，不論何時，我總覺得很不好意思。最讓我不滿的是，每一款泡麵都有屬於自己的味道，然而，經相同品牌連鎖店料理後，就會變成相同的味道。我喜歡 Jin 拉麵的味道是 Jin 拉麵；辛拉麵的味道是辛拉麵；Yeul 拉麵的味道是 Yeul 拉麵（這裡列出的泡麵種類不是按喜好順序，單純想三個字的押韻）。泡麵一但被染上了小吃店的味道，原先密封在每個袋子裡的香氣撲鼻，辣爽口感的原生滋味，就會消失。

某一天，我驀然想起媽媽的和麵過程，告訴媽媽我覺得在外面買糖餅吃很尷尬，媽媽說我胡說八道。

「最近哪有人在家和麵的？都嘛是工廠做的麵團。」

當女兒還糾結於回憶、懷舊與感激的複雜難解情緒裡時，媽媽早就爽快地遞了糖餅給我。

在媽媽用糖餅麵團養活全家人的時候，我「老是」，而不是「時常」地吃著泡麵長大了。從三十歲到四十歲的現在，還是會被電話另一頭的媽媽唸：「又是吃泡麵嗎？」我和媽媽不一樣，我只打算為自己煮泡麵，所以今後我不會爽快地煮好泡麵遞給媽媽。儘管我的身體已經長大了，不過今天的泡麵依然會化為血肉。

不管是糖餅還是泡麵，我認為似乎是麵粉養育了我。

大人的滋味

小時候我很想早點喝上咖啡。在擺滿各式沖泡咖啡器具的家裡，可以解讀為我從小就顯露出咖啡成癮者的跡象，但這麼解讀的話，總有些哀傷，所以還是解讀成我急著長大成人吧。

過年時回老家，破舊的碗櫃裡放滿裝飾用咖啡杯，用那種杯子喝咖啡看上去真的很炫。現在外頭賣的復古茶杯就是那個年代的茶杯。泡咖啡是媽媽，也就是身為最小兒媳婦的責任。稍微站遠點看，會覺得很奇怪，為什麼媽媽還沒吃完飯就忙著替一群成年男性端咖啡，然而，當時的我還是個孩子，有各種事情在我眼前發生，我的視力因此迅速惡化。為了看清楚遠方，我不得不戴上了眼鏡。

在我戴眼鏡之前，想嘗試咖啡味道的那個時候，別說原豆咖啡，就連即溶咖啡都還沒有出現。當時的咖啡是把大顆粒的冷凍乾燥咖啡粒、奶精和糖放在一起喝。「二、二、二」、「三、二、一」，媽媽從不覺得在她身旁跟前跟後的我礙事，經常泡一種飲料給我喝，把兩份奶油和兩份糖泡到溫水裡，放入四到五顆冷凍乾燥的咖啡粒。當時的我還只知道用TiTipas牌的三十六色蠟筆區分顏色，不想喝著象牙色的飲料，而是想喝褐色的咖啡。轉眼間，我跨過了中間的過渡期，天天都在喝炸醬泡麵色的咖啡。不過，那就是我當時所盼望的一切。

「姑姑，咖啡是什麼味道？」

大姪子看著幫忙育兒半天就累得半死的我問。怎麼說呢？是什麼味道呢？如果回答他「人生的滋味」，他會不會覺得我腦袋有問題？還是該說「大人的味道」呢？在決定用詞遣字的短暫數秒間，一直看不慣我在打開電熱毯的季節到來為止前，都喝著冰咖啡的媽媽，也就是姪子的奶奶立刻回答：

「很苦！」

果然，人生的味道就是苦味啊。是年紀大了嗎？在我反覆咀嚼的時候，姪子又問了：

「那幹嘛喝？」

所言甚是。那個年假，我一直處於張口結舌的狀態。姪子從年節前一天起就用「十萬個為什麼」瘋狂轟炸，拿爺爺的手機打給我，問我幾點回去。還在夢鄉的我被耳邊的手機震醒，說了大概兩小時後到，慢吞吞起床準備，預感了會遲到的可能，想著坐地鐵時再通知媽媽，結果知女莫若母的媽媽先發了訊息，她說她告訴姪子：「你姑姑一定會比她說的時間晚到。」，姪子卻說姑姑一定會準時到家，並補了一句：

「奶奶你有看過姑姑對我撒謊嗎？」

看到那句話，我在原本打算換乘公車的地點，毅然決然跳上了計程車。在車內，我望著跳表器跳表，車子開過了首爾市與京畿道的交界，暗自打定主意，以後絕不會再讓姪子們等我，也絕不會把錢灑在交通費上。

然而，這充滿愛意的決心，在我惹哭大姪子的瞬間就變得黯然失色。我的好運常發揮在玩柶戲遊戲[1]時。那天我擲出「牛」和「馬」次數之多，都懷疑是不是在揮霍自己的好運。這讓身為姑姑的我非常為難，實在沒必要玩贏姪子，說真的，輸也好、贏也好，我還是得買新年禮物送他們。但到底為什麼這麼常擲出「牛」呢？

姪子因為輸了而陷入悲傷，逐漸變得沉默。在第二局也輸了後，他走向坐在對角線的爸爸，也就是我哥，坐在他的膝蓋上，我看著那雙淚水滿盈的眼眶，無心地說了句：「玩輸了就哭嗎？」就在那一瞬間，腦海閃過了「糟了！」的念頭。我真的無意惹哭他，然而，一句玩笑話就讓姪子的淚水潰堤了。他哭完氣，氣完又哭。我沒有哄孩子的天份，就連「有輸就會有贏」的婉轉話語都說不出口。更糟的是，我還說了句棒球名言「只要

1. 柶戲遊戲是透過擲木牌決定步數的棋盤遊戲，據傳源自中國漢、晉時期，現在是韓國人的傳統遊戲。只要擲出「牛」或「馬」的牌型便有多擲一次的權利

比賽還沒結束都不要輕言放棄。」結果是我哥將孩子帶回房間哄，才讓情況好轉。

哭完後的姪子此時提議，先前玩的都不算，重新開始。我再度面臨考驗。我並非真的想贏才贏的，擲出「牛」之後是「牛」、「馬」、「羊」，身為一個作家，打死我都寫不出這種劇本。最後我假裝喊錯單詞放水，好不容易把比分變成了二比二。

我哥和我媽加入戰局後，眾所矚目的最後一局開始了。姪子訂下「出口無悔大丈夫」條款，我媽機智地故意喊錯，伴隨「唉呦！」的惋惜聲，將她的寶貝金孫送上了贏家寶座。柶戲遊戲總算落幕，我輸得心甘情願，有生以來，自己第一次這麼高興輸掉。

我牽著姪子的手去了超商，一時間找不到話題，這次我懷著悲壯的心情說出：「你不可能永遠都是贏家。」但這句台詞並沒有比之前沒說出口，或是已經說出口的台詞更好。姪子也不感興趣，他專心挑自己想買的東西。

姪子拿起冰淇淋和油炸烏龍泡麵。當時，姪子在一月迎來了七歲生日，我完全不清楚七歲大的小孩能不能吃泡麵，只記得我好像更小的時候就在吃泡麵了，可是過去的育兒方式和現在的育兒方式應該天差地遠吧？我正打算打電話向我哥問清楚，姪子信誓旦旦地說：

「我可以吃泡麵！更辣的也沒問題！」

我姑且信之。反正油炸烏龍泡麵也不辣，又是我哥小時候最愛的泡麵。令我最高興的是，姪子能吃泡麵了。姪子是我有生以來初次親眼目睹來到這個世界的「小小人」，現在得知了這個小小人的世界正在擴大，令我感到很高興。

再者，這可是泡麵啊。因為在人們接觸到咖啡與酒之前，「第一次體驗到的大人味道」就是泡麵，雖然它沒什麼營養價值，可是很好吃；雖然它對身體沒太大害處，但經常吃也不會有好處。不過，人類即使吃這種食物也能長大。就像人生不會永遠是贏家一樣，我們不可能永遠吃好的、健康的食物；也不可能一直不知道調味包的味道。偶爾輸一次，品嚐一下苦味，感受新味道，世界就是這樣慢慢地擴大的。

姪子堅持要自己提裝了冰淇淋和碗裝泡麵的袋子，我牽住了他空出的另一隻手，再次思索著。在未來的無數個瞬間，你終究會輸的，但你不會每次都哭，所以今天先吃泡麵和冰淇淋吧。抱歉了，咖啡就只有姑姑能喝。

回到家，姪子把對咖啡的好奇與輸掉的眼淚拋在腦後，認真吃著油炸烏龍泡麵。我問他：

「好吃嗎？」

「好吃！」

姪子充滿活力，坦率地說出正確答案。他拿起碗裝泡麵，喝掉最後一滴湯。果然繼承了這個家族的口味啊。

姪子已經知道了正確答案，如果再問一次「泡麵是什麼味道？」，我想我會給出這樣的答案。

泡麵是什麼味道？大抵是大人的味道。姑姑為了追上你的身心發展速度，偶爾會感到吃力，每天都捨不得再也見不到今天的你，而你會在某一刻長大成人。在這個世界上，我最心愛的小小人，告訴你一個秘密，大人不玩栖戲遊戲，不踢足球也照樣會輸。還有姑姑也不喜歡輸，輸了會偷偷哭，淚水的鹹味和泡麵差不多。不過，大人不會只嚐到鹹味，隨著成長，人生某些時候會甜到腳趾都發癢，某些時候會辣到噴淚。苦中帶甜、甜中帶酸、鹹中帶淡，就這樣感受到原本已經知道和還不知道的味道。這就是大人的味道，泡麵的味道。

你很快就能感受大人的味道，能享受咖啡，享受你現在還不能吃的食物。現在大人不讓你嚐那些，你真嚐到了也會覺得味道很奇怪，但總有一天你會明白複雜卻好吃的滋味。也許成為大人，活在這世上同樣如此。

所以，以後當不知道泡麵是什麼味道的同年齡朋友或比你小的弟弟問你，泡麵是什麼味道時，你只要像今天一樣回答「好吃」就夠了，就說因為是姑姑煮的，而姑姑是絕對不會對你撒謊的。

步驟 12

如果還想繼續
吃著泡麵

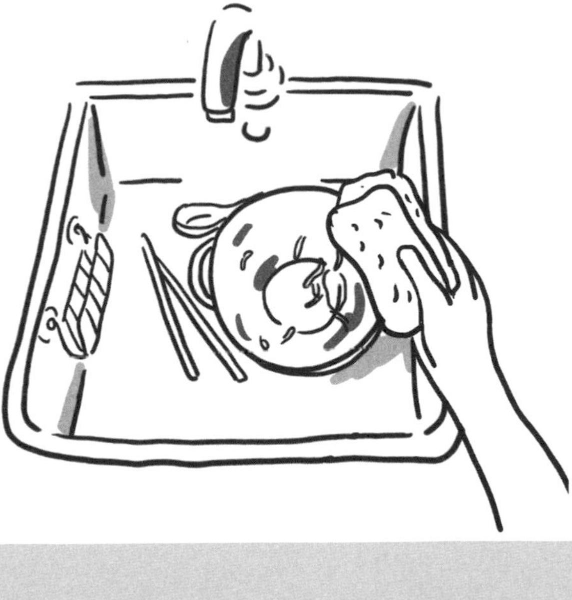

不久前，我因為被診斷出可能罹患了某種疾病，一度被禁吃泡麵，後來證明了患病率不高，很快又能吃了。不過那段時間，我暫時活在了沒有泡麵的未來，領悟到「光是用想的都很痛苦」的實際意思。考慮到長遠的未來，我決定稍微改變一下飲食習慣。

目標是能夠繼續吃泡麵。為了實現目標，我必須留意泡麵之外的食譜。吃了泡麵的日子，其他餐我一定會吃減鹽食物、多吃蔬菜，不忘攝取蛋白質。此外，平常多喝水，不把鈉含量高的餅乾當零食吃。

最重要的是，少吃泡麵以外的速食食品，用微波爐和我心愛的氣炸鍋加熱的冷凍食品必須退場。僅次於「最愛」泡麵的「次愛」辣炒年糕，只能在朋友聚會上吃。以往，睡到下午才起床，發現凌晨宅配到府的冷凍現做辣炒年糕在門口全融化了，我會露出狡猾的笑容，心想著「沒辦法，只好快點吃掉它。」後，往鍋裡放水的這種事未來將不復存在。

儘管悲傷，但我一度活在那個想像中的世界，因此我已經明白這種悲傷無法與失去泡麵的悲傷相提並論。為了維繫腸道健康，我要定時吃益生菌，並養成運動習慣。泡麵沒有所謂的健康吃法，只有為了能吃泡麵盡力讓自己變得健康的方法。

結語
就像會一直在那裡的泡麵一樣

要是將書比喻成泡麵，我想寫出像哪一款泡麵的書呢？

我想寫出像辛拉麵一樣的書，不過我寫不出來。我想破腦袋都想不出有哪一本書，能讓所有人一致認可它的冠軍地位，哪怕用稍微不一樣的面貌出現（我指黑色包裝的辛拉麵）同樣能獲得支持。

那寫一本像Jin拉麵一樣的書怎樣呢？緩慢地，壯大，一步步威脅到老大哥地位，真是太酷了。兼具辛辣與原味也很有魅力。寫出像Jin拉麵一樣的書，是一個崇高的理想與偉大的目標。

要是能寫出像八道便當一樣的書，我也會很高興。在俄羅斯，八道便當是代表性的泡麵品牌，非常受歡迎。在韓國小有名氣的泡麵卻在其他國家獲得了巨大的喜愛，不覺得很驕傲嗎？

或是寫一本自己就夠優秀、夠受歡迎，但與另一款泡麵相遇後，邁向國際市場的炸醬泡麵和浣熊炸醬拉麵一樣的書呢？要是我和其他人合著或共同創造其他作品的話，我的目標無疑是浣熊炸醬拉麵。

話雖如此，但韓國的泡麵市場是被人氣暢銷商品轉變為長青暢銷商品的少數泡麵所佔據。前面我提到的所有品牌泡麵都受到消費者三十多年的喜愛。身為作家，我也希望寫出一本從暢銷書變成長青暢銷書的書，但我想不出有哪個主題能受到讀者三十多年來的喜愛。

不論是哪一款泡麵，想寫出一本像是泡麵一樣的書本身就是遠大的夢想。最近，會拿書蓋泡麵的人好像變少了，但即使各位拿這本書去蓋泡麵，我也會心懷感激。不覺得這本書的大小正適合用來蓋泡麵嗎？

我在寫著這本書時一直在吃泡麵，有時在凌晨兩點煮刀削拌麵；有時做了嫩豆腐 Yeul 拉麵，經歷多次失敗，總算掌握到我專屬的味道。不僅是常吃的泡麵，我還特意品嚐了很久沒吃過的泡麵，像三養長崎炒碼麵。某個韓國綜藝節目開發出的八道咕咕麵上市，白色高湯泡麵一度掀起熱潮，即使是那個時期，我還是愛長崎炒碼麵更勝咕咕麵。長崎炒碼麵上市時間比咕咕麵早，很多人卻誤會長崎炒碼麵是模仿了綜藝節目創出的咕咕麵。長崎炒碼麵肯定很想擊鼓鳴冤。我絕對不是為了替它洗去冤屈才這麼說的，我以前就很常吃它，單純是因為它好吃。
放入比平常多一點的水量去煮長崎炒碼麵，把一整鍋麵條端上桌，吃得碗底朝天，再把冷飯加入剩下的湯，打散雞蛋熬粥。多麼豐盛的大餐啊，紮實飽足感，能吃飽就是福。不過，打從某一天起，我沒來由地停止吃它。在我每天想著泡麵的時候，我驀然想起「當時的自己真的很喜歡長崎炒碼麵……」，它現在身在何方呢？於是便查了一下，它不過是遭我冷落罷了，並未停產，照樣賣得嚇嚇叫，而且依舊美味。

我覺得這種程度剛剛好。也許會有人喜歡讀我的文章；喜歡看我的書；喜歡看我寫的電視劇，卻在某段時間裡卻遺忘了有這樣的作家；這樣的書；這樣的電視劇。但某一天突然想起了，查了一下，我還在繼續寫，而我寫的東西在某處繼續熱銷，那就夠了。生活也好，寫作也好，希望都能永保樂趣。

因為泡麵常伴我的生活，因此當我想起泡麵時，過往回憶就會浮現心頭。寫這本書的時候，對未來的我會發生怎麼樣的事，一無所知，只是反覆凝視著活在不知當下會不會成為未來悲傷回憶的那個自己。今後的我，依然會活在此刻也無從知曉的時間裡，懷著複雜的心情回顧今日我所度過的時間。即便如此，我依舊會在某個地方吃著泡麵。大快朵頤。這一點切勿懷疑。

步驟 12　如果還想繼續吃著泡麵

我的泡麵時光

作者｜尹伊娜
譯者｜黃菀婷
責任編輯｜蔡亞霖
封面設計｜Dinner Illustration
內文編排｜黃雅芬

發行人｜王榮文
出版發行｜遠流出版事業股份有限公司
地址｜台北市中山北路一段 11 號 13 樓
劃撥帳號｜0189456-1
電話｜(02) 2571-0297
傳真｜(02) 2571-0197

著作權顧問｜蕭雄淋律師
2023 年 11 月 1 日 初版一刷
定價｜新台幣 300 元
缺頁或破損的書，請寄回更換

ISBN｜978-626-361-280-8
遠流博識網 http://www.ylib.com E-mail｜ylib@ylib.com

라면: 지금 물 올리러 갑니다 (RAMYEON: Jigeum Mul Ollileo Gabnida) by 윤이나 (Yoon Ina)

我的泡麵時光 / 尹伊娜作 ; 黃莞婷譯 . -- 初版 . -- 臺北市 : 遠流出版事業股份有限公司 , 2023.11
面 ; 公分
譯自 : 라면 : 지금 물 올리러 갑니다
ISBN 978-626-361-280-8 (平裝)
1.CST: 飲食 2.CST: 文集
427.07 112015938